建筑工程制图习题集

（第 7 版）

同济大学建筑制图教研室

吴　杰　顾生其　王剑平　主编

同濟大學 出版社
TONGJI UNIVERSITY PRESS
· 上海 ·

内 容 提 要

本习题集是为土木建筑工程类专业"建筑工程制图"课程的教学而编写的，它与同济大学建筑制图教研室编写的《建筑工程制图(第7版)》教材配合使用。

本习题集主要内容有：基本规格与技能、投影制图、建筑制图、结构制图、给水排水制图、道路与桥梁制图、机械制图和计算机绘图。其特点是密切配合教材，结合工程实际，读画结合，由浅入深地培养学生绘制和阅读工程图的基本技能。本习题集贯彻了重新修订的《建筑工程制图》国家标准和《机械制图》国家标准。在制图作业部分附有作业指示书，对作业的目的、内容、要求等都作了较详细的说明。

本习题集可供高等院校土木工程、智能建造、给水排水工程等专业或相近专业的学生使用，也可供工程技术人员参考或有关人员自学。

图书在版编目(CIP)数据

建筑工程制图习题集/吴杰，顾生其，王剑平主编.--7版.--上海：同济大学出版社，2024.1

ISBN 978-7-5765-0627-3

Ⅰ.①建… Ⅱ.①吴… ②顾… ③王… Ⅲ.①建筑制图—高等学校—习题集 Ⅳ.①TU204-44

中国国家版本馆 CIP 数据核字(2023)第001924号

建筑工程制图习题集(第7版)

吴　杰　顾生其　王剑平　主编

责任编辑　朱　勇　　特约编辑　缪临平　　责任校对　徐春莲　　封面设计　潘向蓁

出版发行　同济大学出版社　www.tongjipress.com.cn

(地址：上海市四平路1239号　邮编：200092　电话：021－65985622)

经　　销　全国各地新华书店

印　　刷　常熟市大宏印刷有限公司

开　　本　787mm×1092mm　1/8

印　　张　12.5

字　　数　299000

版　　次　2024年1月第7版

印　　次　2024年1月第1次印刷

书　　号　ISBN 978-7-5765-0627-3

定　　价　48.00元

前　　言

本习题集第1版于1984年8月出版，已多次修订再版。经中央广播电视大学、同济大学以及其他高等工科院校土建类专业师生使用后，我们在听取了各方面的宝贵意见和建议的基础上，根据《房屋建筑制图统一标准》(GB/T 50001—2017)、《技术制图　投影法》(GB/T 14692—2008)和《建筑工程制图(第7版)》教材的内容，对第6版内容相应地作了修正，并补充和更新了部分习题。

在本习题集的编写和修订中，我们力求做到以下几点：

1. 突出基本内容，注意综合应用

本习题集由制图习题和制图作业两个部分组成。习题与教材的内容密切配合，并采用突出重点、分散难点和逐步加深等方法来使学生掌握和巩固基本教学内容；作业是在掌握基本内容和完成习题的基础上，结合本专业的工程形体或工程物进行综合应用。通过习题和作业的系统练习，学生既可掌握基本图示理论和方法，又可增强实际应用和解决问题的能力。

2. 贯彻制图标准，加强技能训练

本习题集把《房屋建筑制图统一标准》(GB/T 50001—2017)和《技术制图　投影法》(GB/T 14692—2008)中的有关规定和画法分散在各个习题和作业中，以便学生逐步熟悉和掌握，并要求严格遵守和执行制图国家标准。制图技能的提高，必须经过系统的严格训练。制图习题和作业均要求做到：表达完整、尺寸齐全、作图准确、图线分明、字体端正、布置匀称；所有习题均采用铅笔绘制；作业有铅笔图和上墨图，以上墨图为主。

3. 符合认识规律，结合工程实际

本习题集在内容编排上，采取由浅入深、读画结合、反复练习等循序渐进的方法，符合认识规律，并从简化的工程形体入手，逐步过渡到实际的工程物，以培养学生对工程物的空间想象力和图示能力。通过某些专业图的学习，培养学生绘制和阅读房屋工程图的基本能力。

本习题集第1版由张正良、冯宜斌、成永华编写，由黄钟琏、马志超审定；第2版由张正良、冯宜斌、成永华、管一雄等负责修订；第3版由王德芳(主编)、陈文斌、章金良、沈云跃、刘政等编写，由冯宜斌、管一雄审定；第4版、第5版、第6版由王德芳(主编)、陈文斌、章金良、顾生其、沈云跃、刘政、陈星铭等编写及修订；第7版由吴杰、顾生其、王剑平修订。

同济大学出版社缪临平副编审从1984年起担任本习题集的责任编辑，在这40年的共同合作岁月里，对我们每一版图书的改版、修改给予了极大的帮助和关心！在此向他表示衷心感谢！

我们恳切希望广大读者提出宝贵意见，不吝指正。

编　者

2023年10月

目　录

同济大学画法几何及工程制图正投影平立侧主
俯仰左右后旋转向视局部放大剖面折断裂比例
由据作轴和透方圆球环锥斜度体展开示意尺寸
注厘毫米公里绘校审核专业班级民用建筑城市
规划铁路桥梁隧道给排水供热煤气通风暖电动
地质基础测量力物理结构施房屋车间窗柱顶品
地墙砧瓦石灰混凝土砂浆涂抹桁架板条楼梯踏
步踢脚起居卧浴厕客实验教室堂堤岸堑边坡挖

仿宋字书写要领横平竖直起落有填满各结构紧密宿舍住院食堂中小
办教室仓库工厂车间商店火车站居卧客厨房盥洗厕所淋浴施说总地
盘底二三四层平立纵剖面正背侧东南西北鸟瞰透视标造节点样比尺
详图人防地下素土夯垫层实渣长午案条形独铁基础置深度避潮清内
外隔空斗钢丝块砌明沟散水落勤勒踢脚格篷雨价过圈梁房屋门窗台
刷嵌粉缝伸沉降轴缩线楼梯踏步帽扶手栏扦阳木槽多孔心予预应板
柱榈搁棚脊挂瓦檩条天架支撑弦斜杆波封檐棚压顶儿女山墙坡度讯

铸铁落水弯头碎石道渣素土夯实石灰砂浆打底纸筋石灰粉面加奶黄涂料刷白二度建
细石混凝土氧化铁红深暗红踢脚水泥砂浆找平里窗台用灰黑水磨石面层用白色涂料
水泥石屑随岛随光门厅走廊盥洗部分上做水磨石面层深绿色菱格瓷砖贴面扶手弯头
分隔栏杆阳台管入墙用砂浆窝牢管端与预埋件焊接对焊成方形钢管插铁穿孔后打弯
通长扁铁留孔门底地弹簧铰链成品洗脸盆瓷砖地漏出水铁栅镀锌管雨篷板底标高施
二排马赛克防滑条漆浅咖啡色详见楼梯详图基础梁则应与圈梁拉通木榫中括号内注

字帖（供仿宋体字练习和图纸上书写参考用）

衬格（供衬在透明纸下写字用）

横	竖	撇	捺	点	挑	钩	折

三七子十土仁月千又人达卞点上平江扎予丁长犹心戈元司力与几阡因区女允延

0123456789IVXΦ

ABCDEFGHIJKLMNOPQRSTUVWXYZ

abcdefghijklmnopqrstuvwxyz

习题1　字体练习	专业　　姓名　　学号　　日期	评阅　　成绩

1. “线型”：粗实线、中实线、中虚线、细单点长画线各画三条，每条长70mm，线宽分别为b、$0.5b$和$0.25b$（b=0.7mm），线条间距同左侧样图。

线型

4. “直线连接”：线宽与线型同上图。

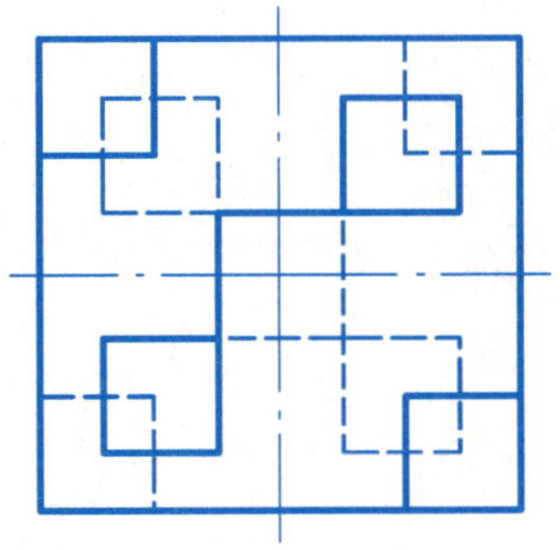

直线连接

2. 作外接圆直径ϕ60 mm的正七边形。

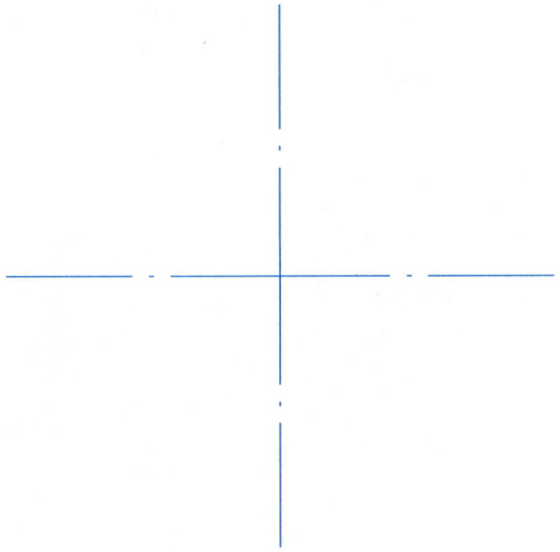

3. 已知椭圆的长轴60 mm，短轴40 mm，用同心圆法作近似椭圆。

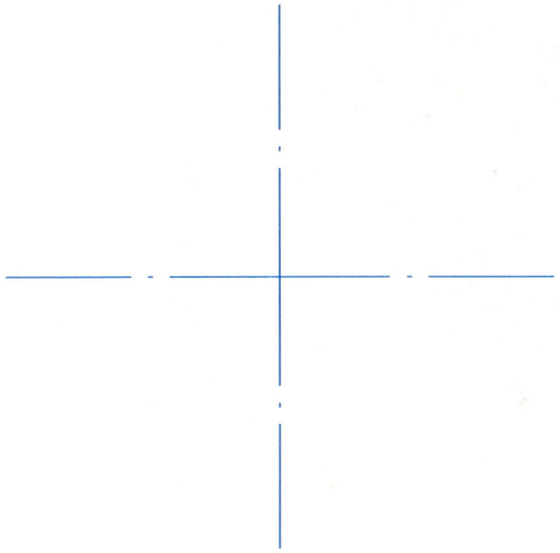

5. 作一半径为$R=8$ mm的圆弧切于相交两直线AB及CD。

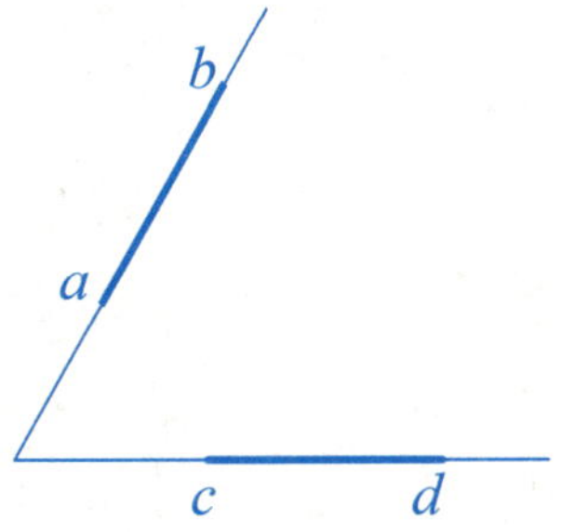

6. 作一半径为$R=15$ mm的圆弧外切于两已知圆O_1和圆O_2。

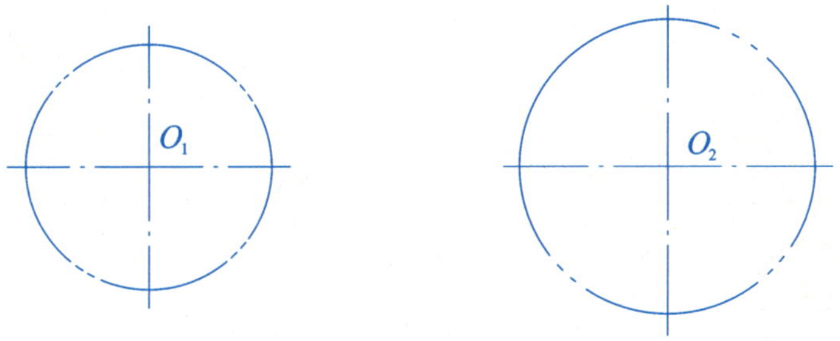

7. 作一半径为$R=10$ mm圆弧切于已知直线EF及一已知半圆O_1。

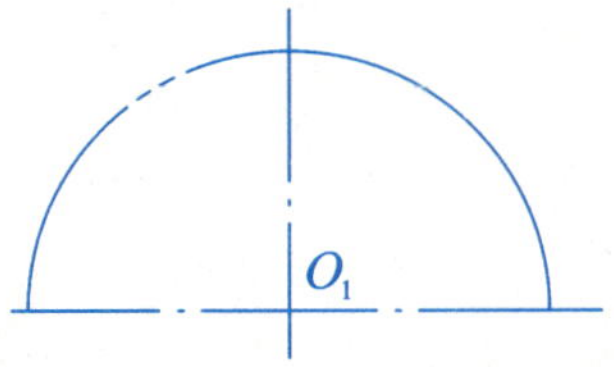

8. 作一半径为$R=40$ mm的圆弧内切于圆O_1并外切于圆O_2。

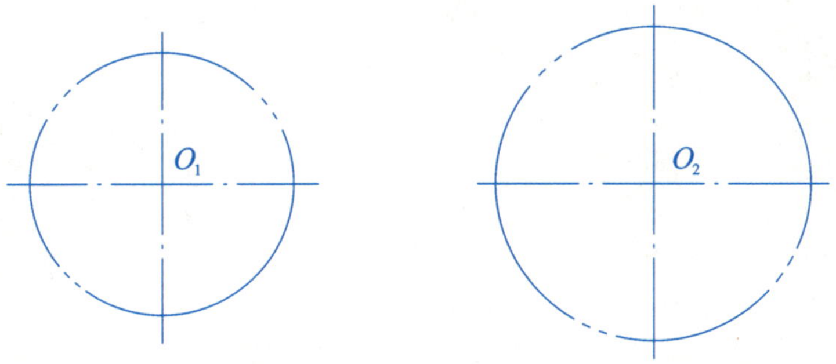

习题2　直线线型及几何作图	专业	姓名	学号	日期	评阅	成绩

补全下列各图中的尺寸数字、角度、尺寸起止符号(45° 短线或箭头)和比例等(尺寸数字和角度注写在图中所示的两条平行线内)。

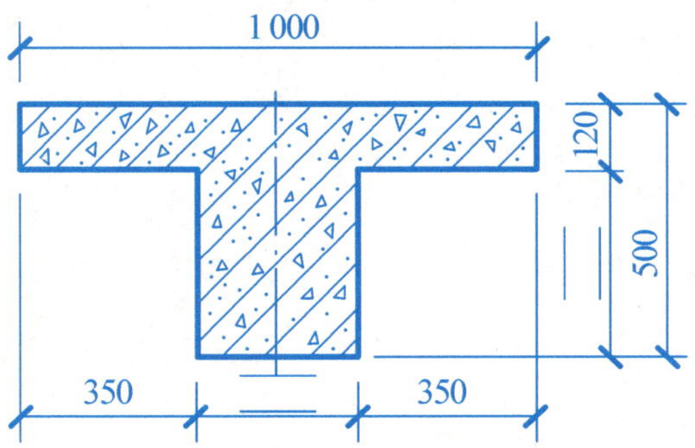

1:20

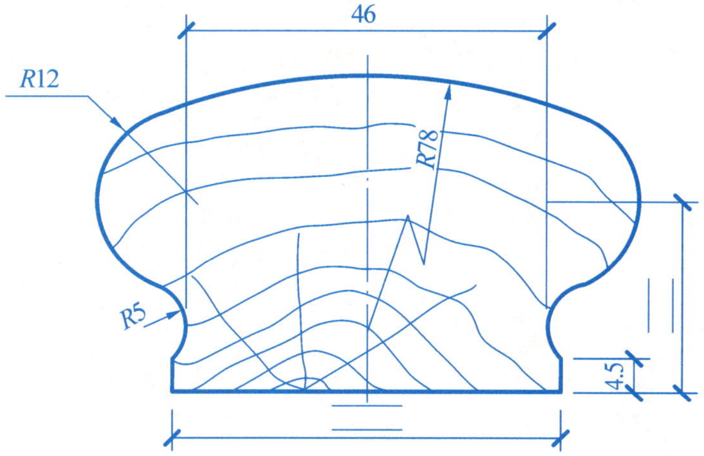

1:1

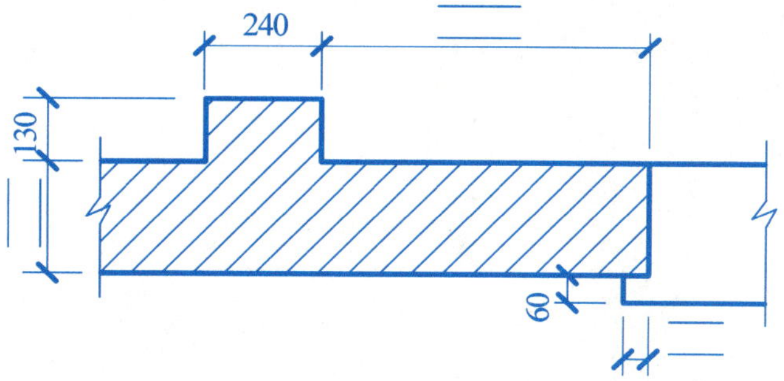

1:20

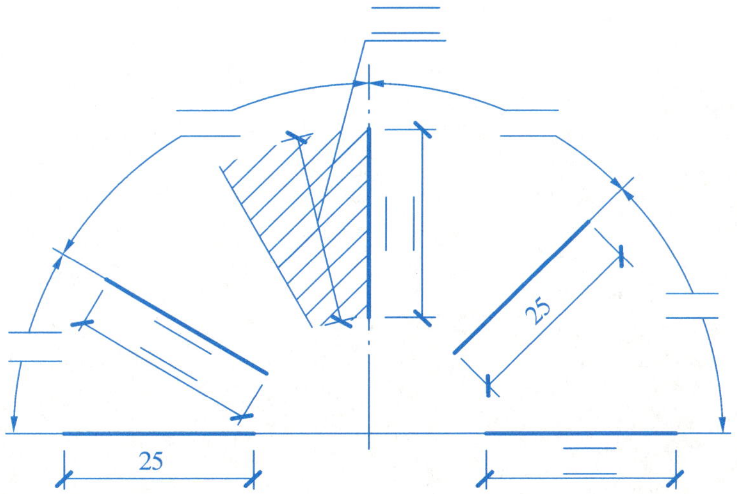

1:

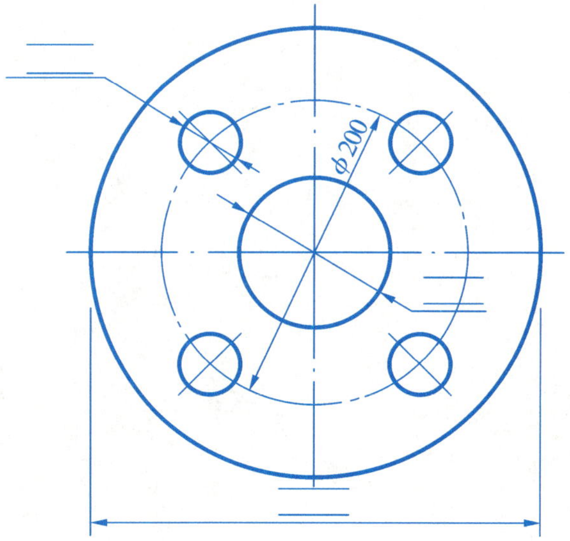

1:

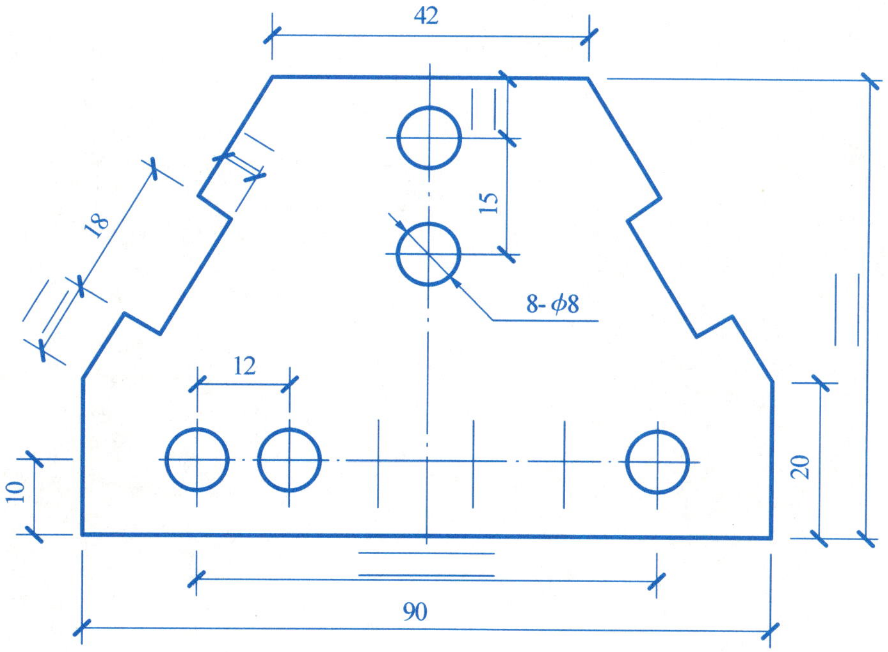

1:

习题3　比例及尺寸注法	专业　　姓名　　学号　　日期	评阅　　成绩

作业1　线型及材料图例

作　业　指　示　书

一、目的

1. 熟悉制图基本规格(图幅、字体、线型、比例、尺寸注法、材料图例等)。

2. 正确使用制图工具和仪器，掌握铅笔稿线和上墨线的基本方法。

3. 练习并掌握各种线型、圆弧连接和材料图例的画法。

二、内容

各种线型，直线与圆弧、圆弧与圆弧的连接，同心圆法作椭圆，建筑材料图例和平面图形的尺寸注法。

三、要求

1. 图纸：透明描图纸，A3 图幅。图标格式和大小见右下角所示。

2. 图名：线型及材料图例。

3. 比例：见附图所示。

4. 图线：墨线图。粗实线宽度约为0.7 mm；中实线和虚线宽度约为0.35 mm；细实线、尺寸线和单点长画线宽度约为0.18 mm。

5. 字体：汉字用长仿宋体。各图下方的图名（如线型、花饰等）用7号字。数字用斜体字。比例数字用5号字，尺寸数字和字母（如R）用3.5号字。

图标中的校名、图名用7号字，其余汉字均用5号字，日期用3.5号字。

当汉字与数字连在一起书写时，汉字比数字应大一号（如“斜度1∶6”,“斜度”用5号字，则数字为3.5号字）。

6. 作图准确，图面布置匀称。各种图线应粗细分明，同种线型宽度保持一致。直线与圆弧、圆弧与圆弧连接必须求出圆心和切点的正确位置，要求连接光滑圆顺。材料图例线（45° 方向）间隔均匀。各种线型相接或相交按规定画法画出。书写长仿宋体字时，应先打好格子；数字和字母应先画好两条字高线，或者都用衬格。字体要认真书写，做到端正整齐。

四、说明

1. 按A3 图幅的规格和本作业指示书规定的图标格式，用H铅笔先画（轻、细）图框、图标的稿线，然后根据附图的作业内容均匀布置各图（注意不同的比例），并画出各图的稿线。经校对无误后，再上墨线。上墨线的顺序一般是先水平线、后垂直线，先圆弧、后直线，同种宽度的图线一起上墨。最后标写尺寸数字和书写汉字。

2. 注意单点长画线、虚线和实线相交或相接时的规定画法和要求（尤其是在“线型”中）。

3. 在“花饰”和“扶手”中，要准确定出圆心和切点的位置，先画圆弧，后画直线。

4. “拱门”中的椭圆画法详见教材图1 - 66。在求出椭圆上的各点后，用曲线板顺次连接各点，画成光滑的椭圆曲线。注意在画椭圆的稿线时，应分段记下所使用曲线板的范围，以便于上墨。

5. “工字钢”中的圆弧半径较小，连接比较困难，更应注意圆心和切点位置的准确。钢的材料图例用45° 方向的细实线画出，小的间距约为1 mm，大的间距约为2 mm。

6. “砖墙基础”中的砖墙图例用45° 方向的细实线画出，间距为2~3 mm。混凝土图例中的三角形和小黑点，用小钢笔徒手画出，要分布均匀，不要太密。

7. 尺寸线与轮廓线或尺寸线间的距离为7~10 mm，所有间距必须保持相等。

五、附图

本作业按第 6 页附图的要求进行抄绘，其中“扶手”“工字钢”的图形必须按所标注的尺寸以 1∶1 的比例绘制。

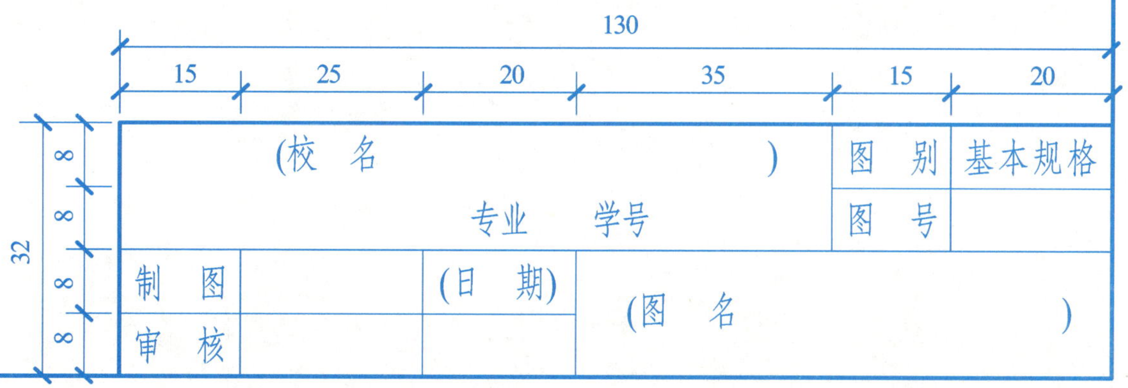

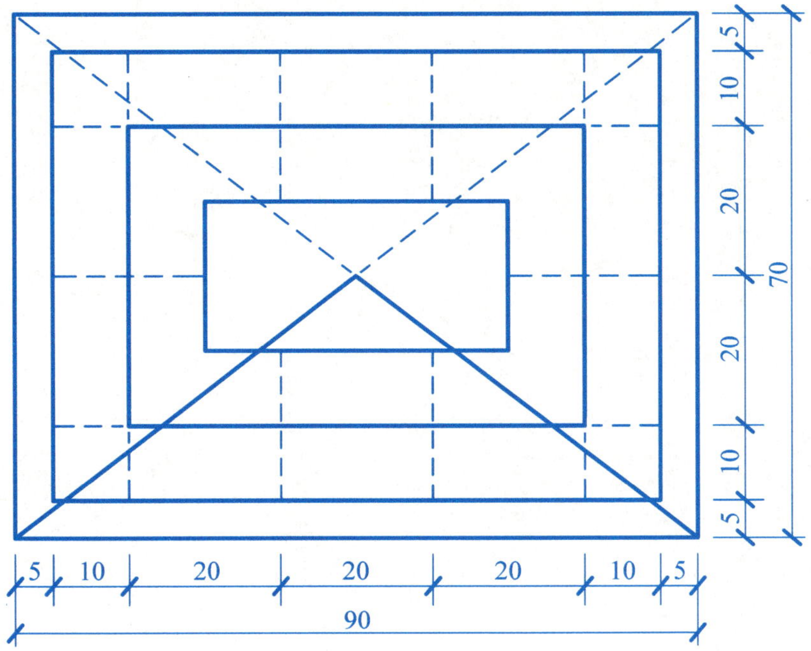

线型 1:1

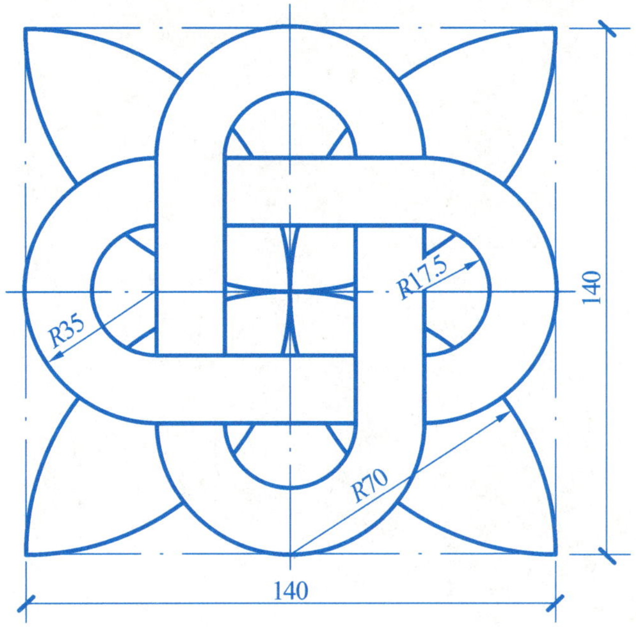

花饰 1:2

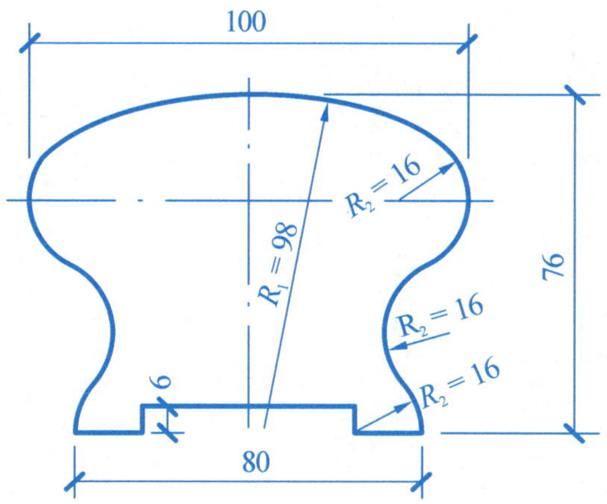

扶手 1:1

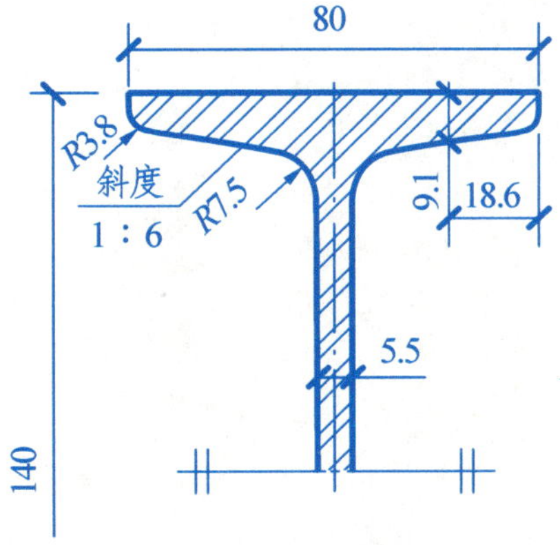

工字钢 1:1

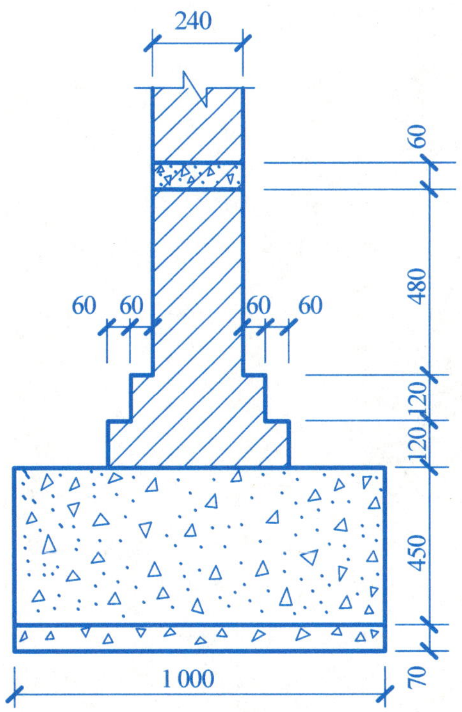

砖墙基础 1:20

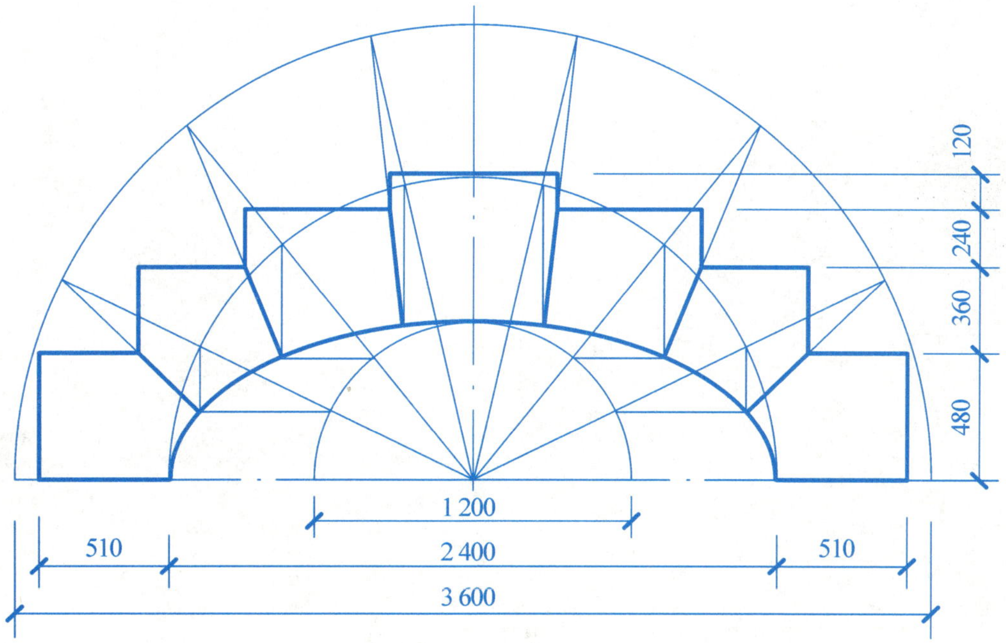

拱门 1:30

1. 根据轴测图和已知两视图，画出左侧立面图。

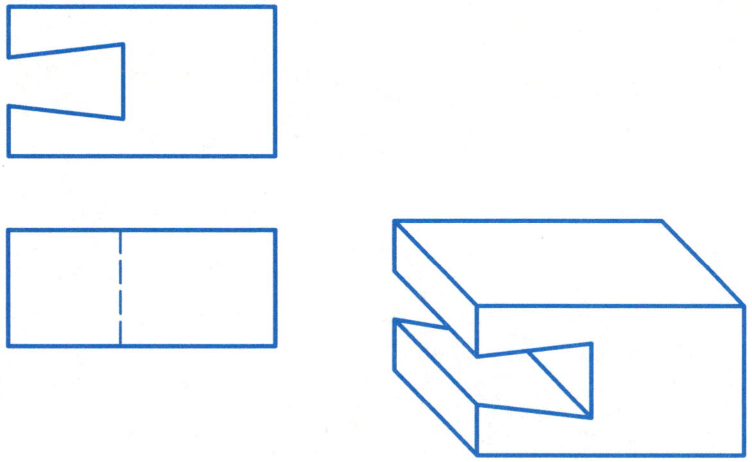

2. 根据轴测图和已知两视图，画出平面图。

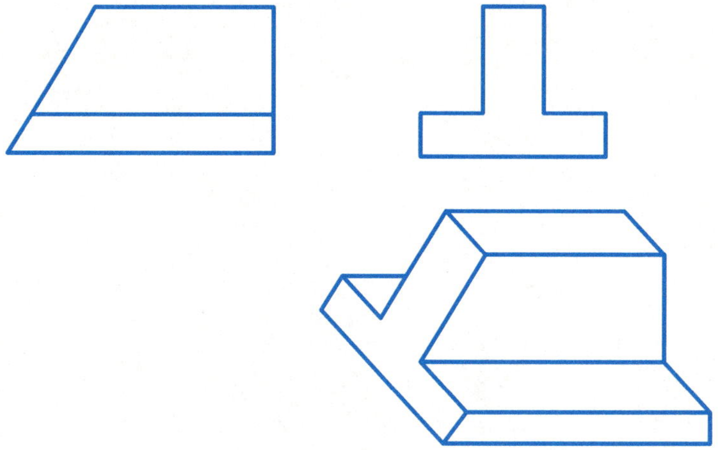

3. 根据轴测图和已知两视图，画出正立面图。

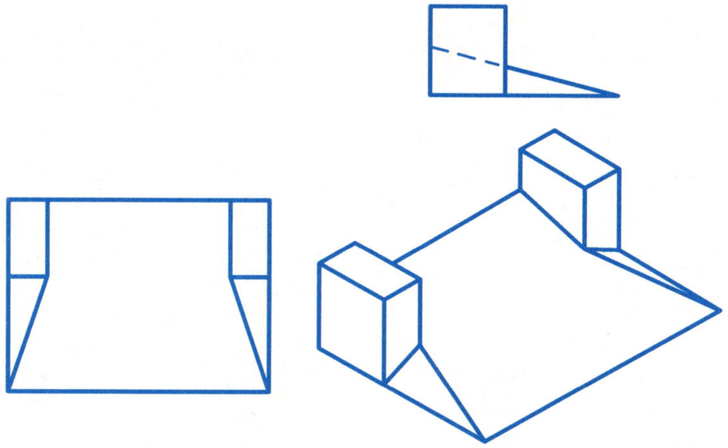

4. 根据轴测图画出三视图(尺寸从轴测图中直接量取)。

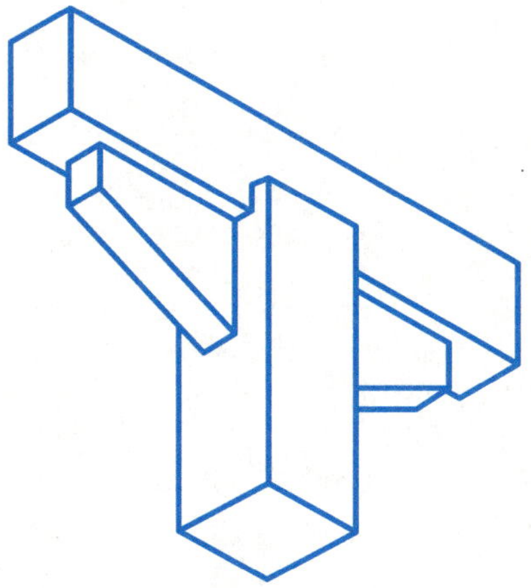

5. 根据轴测图画出三视图(尺寸从轴测图中直接量取)。

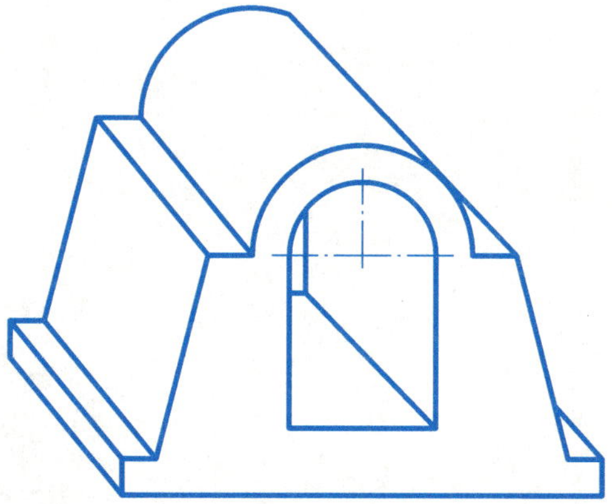

6. 根据轴测图画出三视图(尺寸从轴测图中直接量取)。

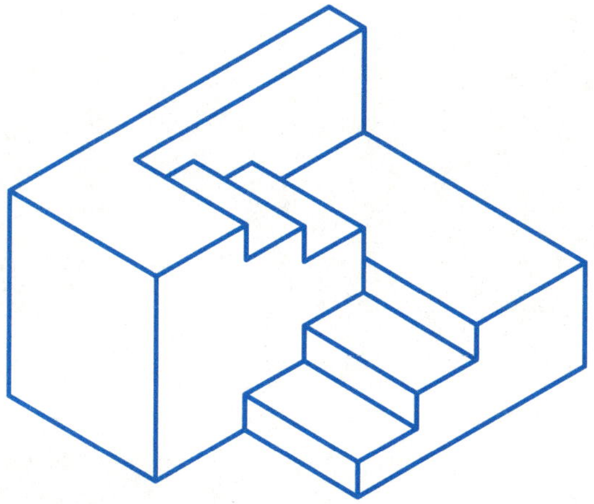

习题4　根据轴测图画三视图	专业　　姓名　　学号　　日期	评阅　　成绩

1. 已知两视图，补画出正立面图。

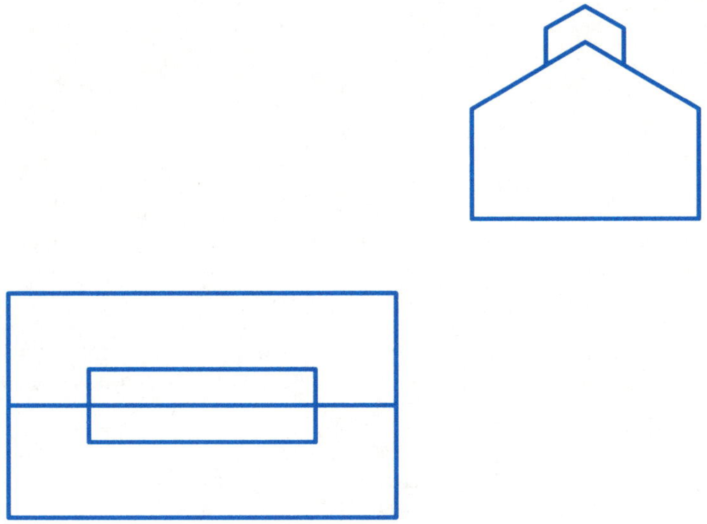

2. 已知两视图，补画出右侧立面图。

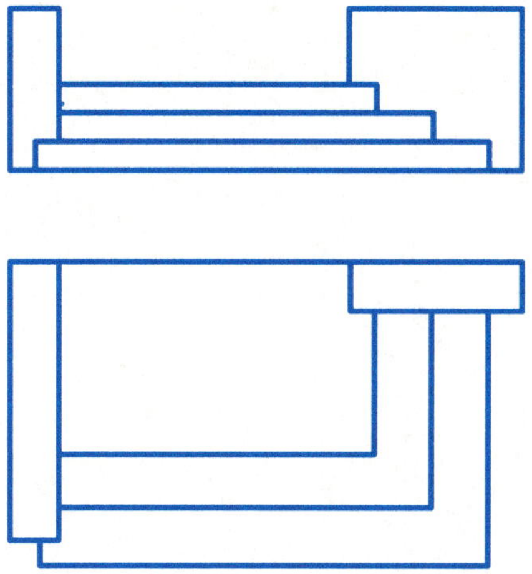

3. 已知两视图，补画出平面图。

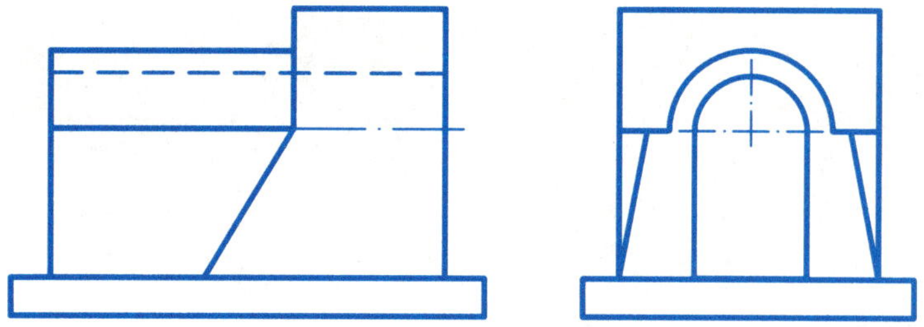

4. 已知两视图，补画出左侧立面图。

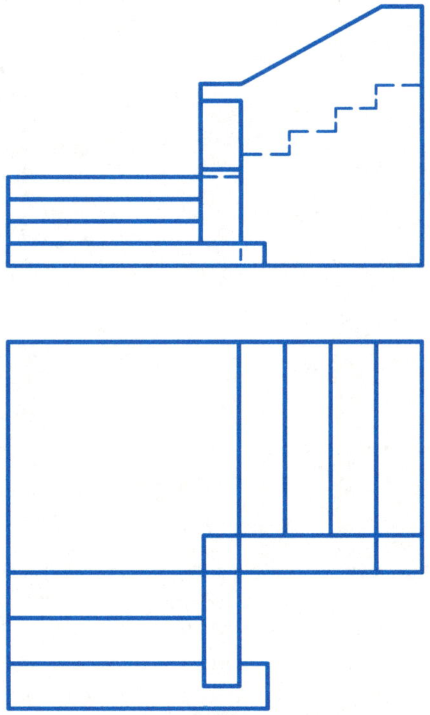

5. 已知三视图，补画出右侧立面图和背立面图(按视图的排列位置布图)。

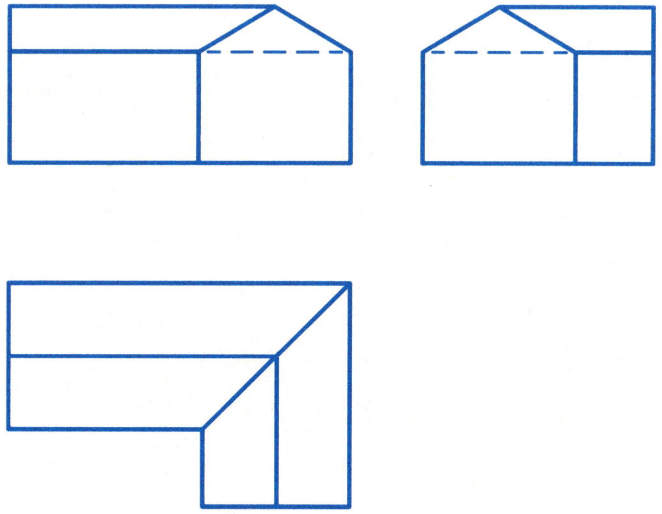

习题5　根据已知视图补视图	专业	姓名	学号	日期	评阅	成绩

1. 补全视图中所缺的图线。

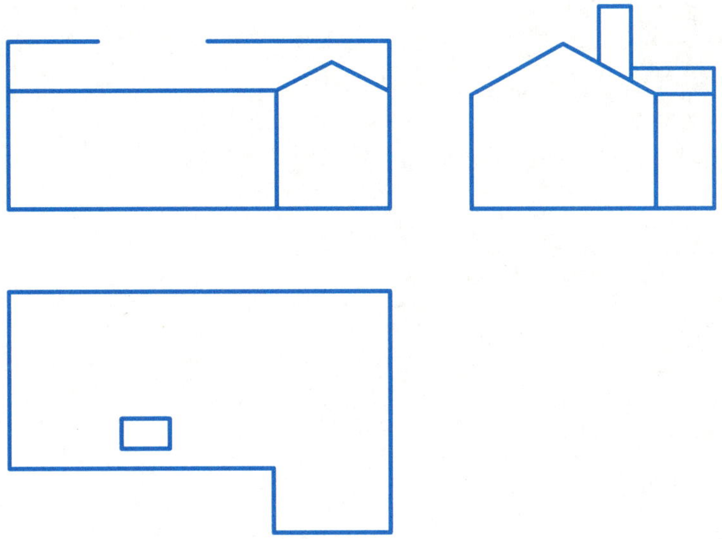

2. 补全视图中所缺的图线。

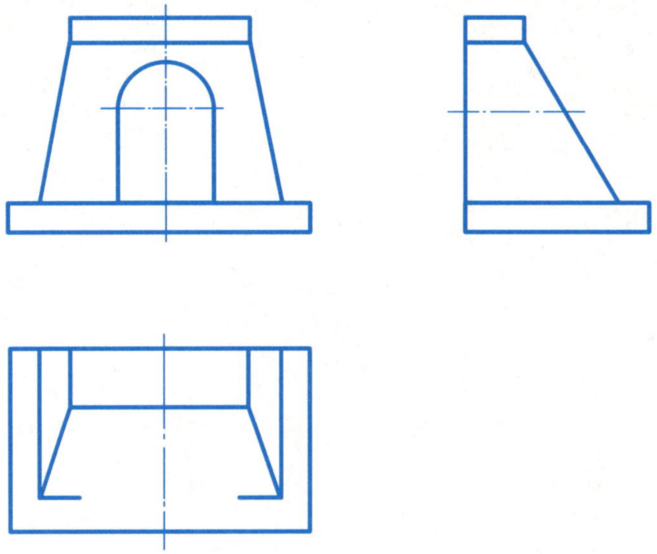

5. 填充：

(1) 在第2题中，正面图中的半圆，在斜面上的曲线应是半___圆，该曲线的平面图仍是半___圆。

(2) 在第3题中，当画出A向斜视图后，可以省去____图。

(3) 在第4题中，A向是___视图，B向是___视图，C向是___视图。

3. 画出A向斜视图(局部视图)。

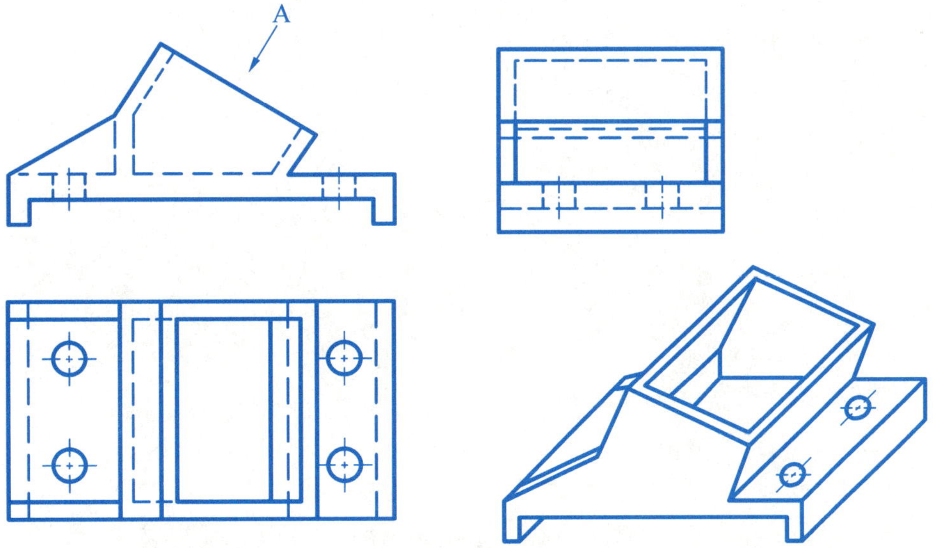

4. 画出箭头所示方向的斜视图和局部视图。

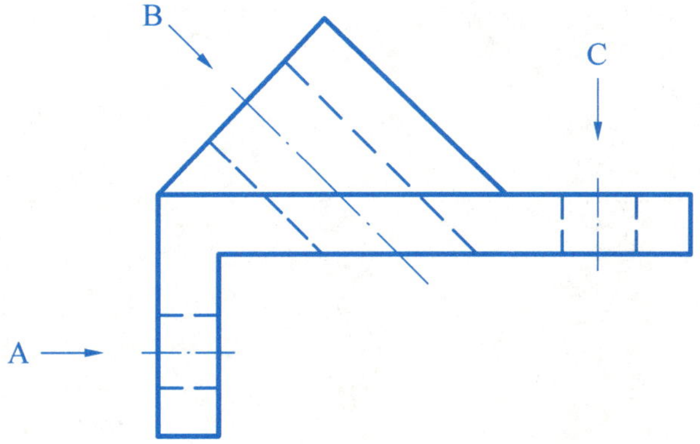

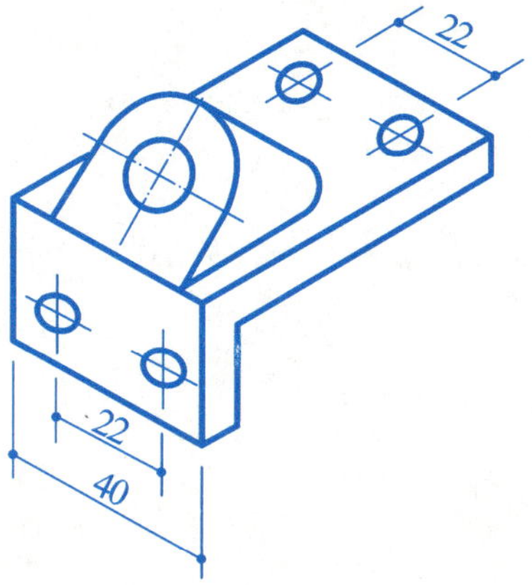

习题6　视图补线和特殊视图	专业　姓名　学号　日期	评阅　成绩

作业 2　室外楼梯的三视图

作　业　指　示　书

一、目的

1. 学习用视图表达工程形体的绘图方法。

2. 初步了解一般楼梯的基本组成和画法。

3. 练习工程形体的尺寸标注。

二、内容

根据室外楼梯的轴测图及其尺寸，画出室外楼梯的三视图（侧立面图中虚线不画），并标注尺寸。

三、要求

1. 图纸：铅画纸或铜版纸，A3 图幅。图标格式见右下角所示。

2. 图名：室外楼梯。

3. 比例：1∶30。

4. 图线：铅笔图。可见轮廓线宽度0.5 mm，楼梯栏杆的轮廓线可适当细些；虚线宽度0.25 mm；尺寸线宽度0.13 mm；室外地坪线为加粗线，其宽度0.7 mm。

5. 字体：汉字用长仿宋体。三视图的下方均应写出视图名称，如平面图、正立面图、侧立面图，采用7号字；视图名称的右侧均要注写比例1∶30，用5号字。三视图中的尺寸数字一律用3.5号字。

图标中校名、图名用7号字，其余汉字均用5号字。日期用3.5号字。

6. 作图准确、图线粗细分明、尺寸齐全无误、字体端正整齐、图面匀称整洁。

四、说明

1. 按A3图幅的规格和作业指示书规定的图标格式，用H铅笔先画（轻、细）图框、图标和稿线，然后按1∶30的比例布置室外楼梯的三视图。画三视图的稿线时，可先画平面图，再画正立面图，最后画侧立面图。全面考虑尺寸的布置，画出尺寸线。打好字格。经校对无误后，再按线型要求进行铅笔加深（用HB或B铅笔），同种宽度的图线必须保持粗细一致。在铅笔加深前，先把多余的稿线和图面用软橡皮擦干净。铅笔加深很容易弄脏图纸，必须按一定顺序加深。如由上到下画水平线；由左至右画竖直线，尽量减少丁字尺、三角板的移动次数。最后写尺寸数字和汉字。

2. 室外楼梯有两个梯段，第一个上行梯段有13级踏步，第二个上行梯段有9级踏步。踏步的高度均为150 mm，宽度均为270 mm。在画平面图时必须注意：第一梯段仅见有12个踏步宽度，第二梯段仅见有8个踏步宽度。为保证踏步的宽度和高度分格均匀，应参照教材中图1-62的等分作图法进行分格。

3. 楼梯栏杆采用外径ϕ48的圆管。由踏步面的中心位置量至上、下两斜杆中心线的高度分别为900 mm 和450 mm。竖杆支座中心位于踏步面宽度的中点，并离梯段外侧为50 mm。竖杆与斜杆的表面交线可省略不画。

4. 梯段与平台间各有一矩形断面200 mm×300 mm的楼梯梁。中间平台的楼梯梁一端支承在正方形断面200 mm×200 mm的柱子上，其连接情况如附图中仰望轴测图所示；楼梯梁的另一端应支承在房屋的外墙上。二层平台的楼梯梁是从外墙挑出的悬臂梁。在本作业中，紧靠室外楼梯的房屋外墙面被省略了。

五、附图

室外楼梯的轴测图见第11页附图所示。

<table>
<tr><td colspan="4">(校　名　　　　　　　　　　　)
专业　　学号</td><td>图　别</td><td>投影制图</td></tr>
<tr><td colspan="4"></td><td>图　号</td><td></td></tr>
<tr><td>制　图</td><td></td><td>(日　期)</td><td colspan="3" rowspan="2">(图　名　　　　　　　　)</td></tr>
<tr><td>审　核</td><td></td><td></td></tr>
</table>

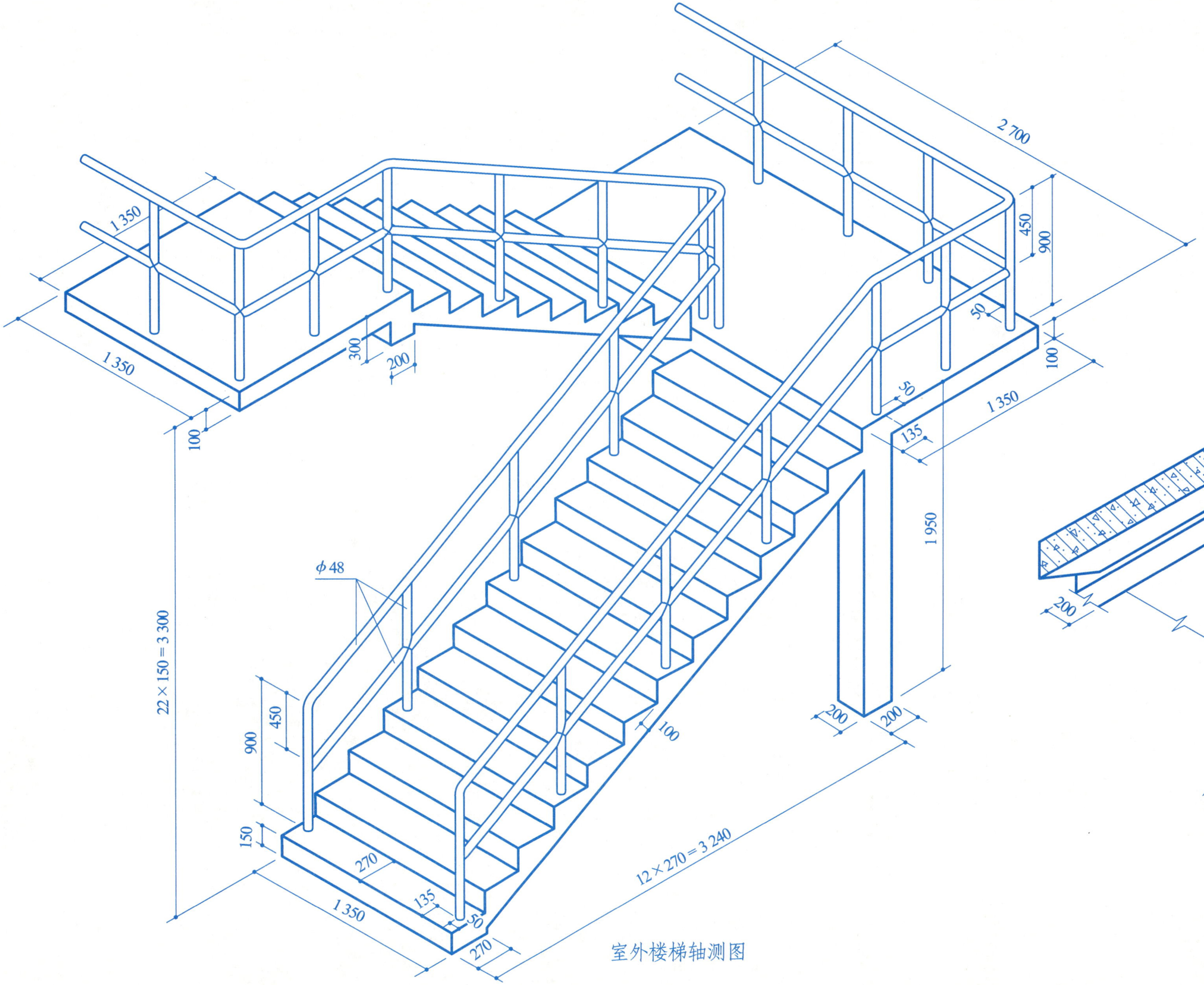

室外楼梯轴测图

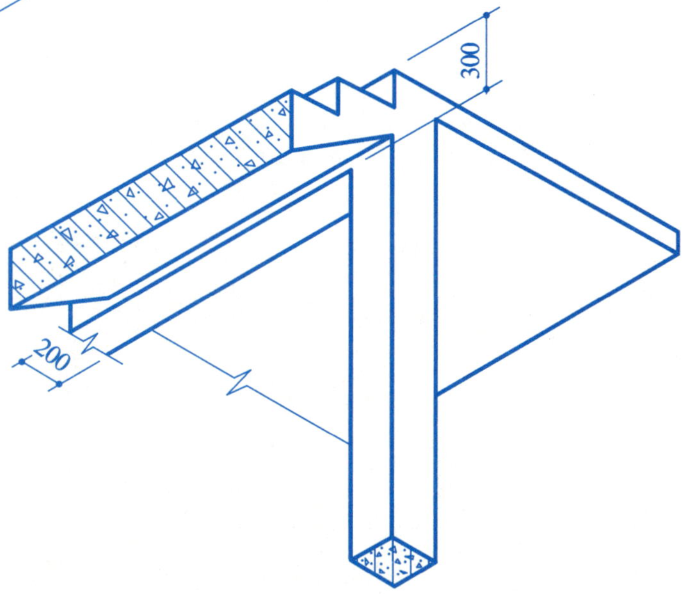

仰望轴测图(局部)

根据下面的楼梯和水池的轴测图，合理选择视图，用目估比例的方法徒手画出它们的视图，并标注尺寸线（不注写尺寸数字）。

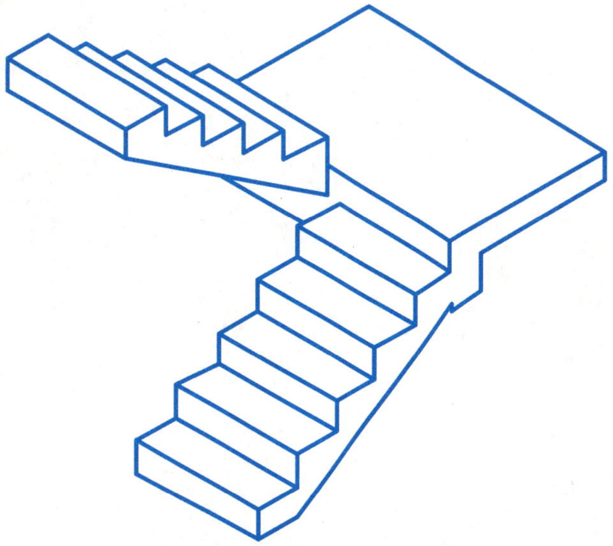

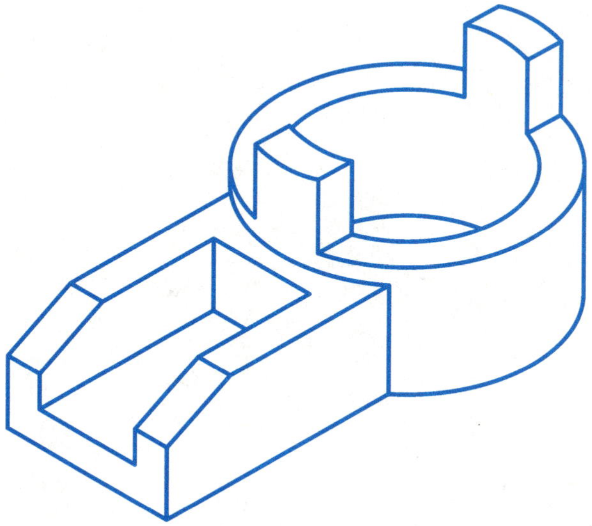

习题7　徒手画视图	专业	姓名	学号	日期	评阅	成绩

1. 填充：

(1) 剖面剖切符号由________和________组成，均应以______绘制。剖切线用断开的两段粗实线表示，长度宜为______mm，视向线应垂直于______，长度宜为______mm。

(2) 剖面图可分为________________________等几种。全剖面图根据剖切面的数量和剖切面间的相对位置，可分为______________，______________和______________等三种情况。

(3) 半剖面图中剖面图的位置，当图形左右对称时，剖面图画在______________，当图形上下对称时，则画在______________。

2. 画出形体的左侧立面图，并把正、侧立面图改画成适当形式的剖面图。

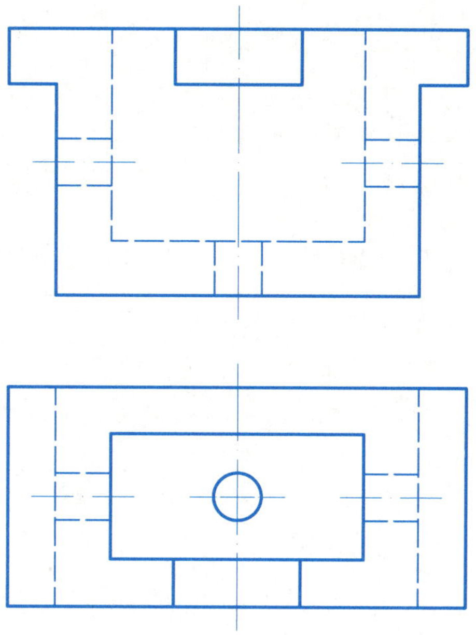

3. 画出1—1剖面图和2—2剖面图。

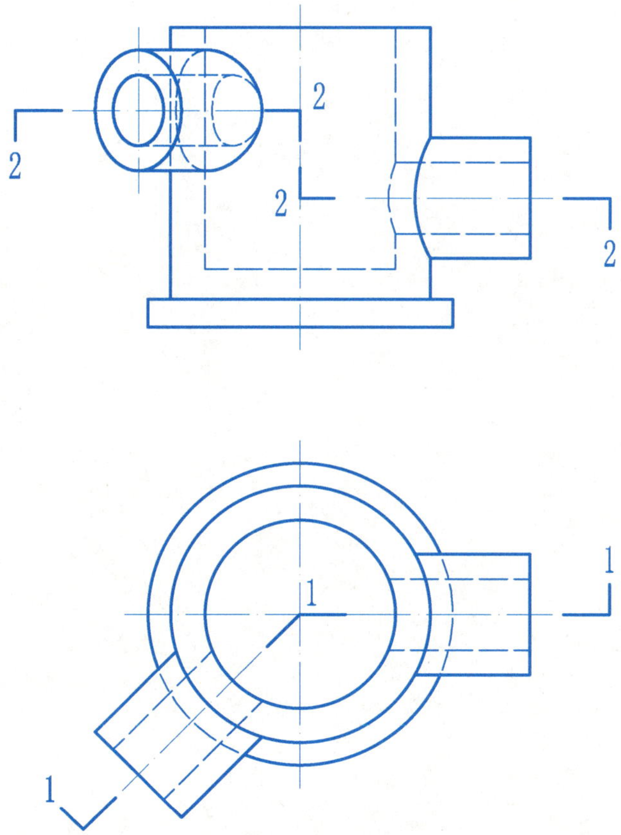

4. 画出1—1剖面图和2—2剖面图。

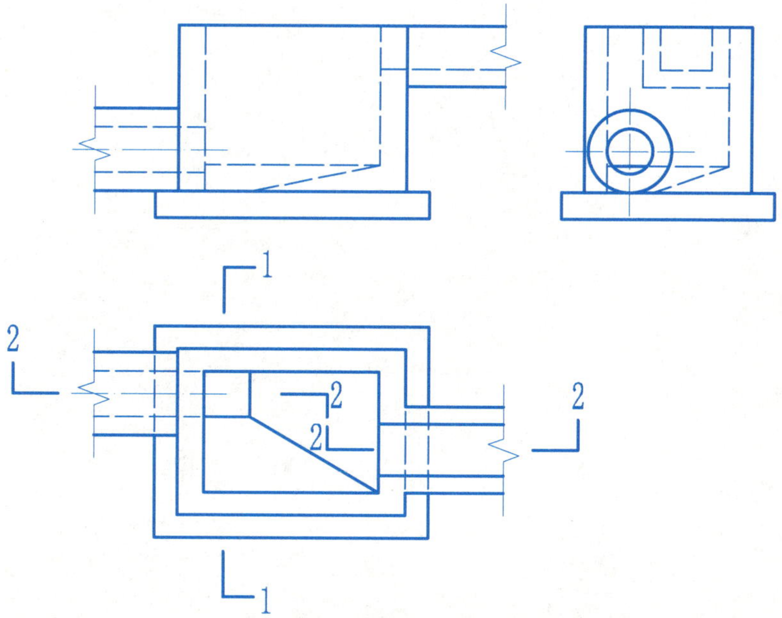

习题8　剖面图	专业　姓名　学号　日期	评阅　成绩

1. 已知正立面图和1—1剖面图，画出2—2剖面图。

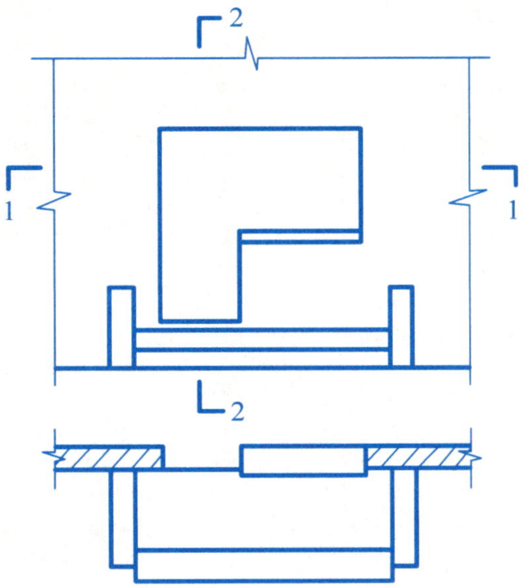

1-1剖面

2. 画出1—1剖面图。

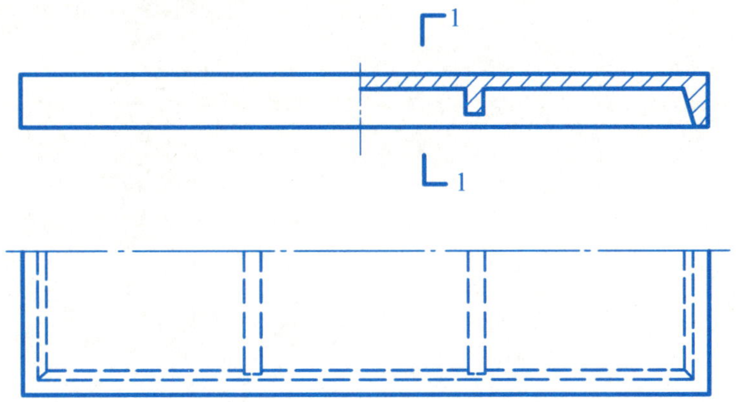

3. 把正立面图改为1—1剖面图，并画出2—2剖面图。

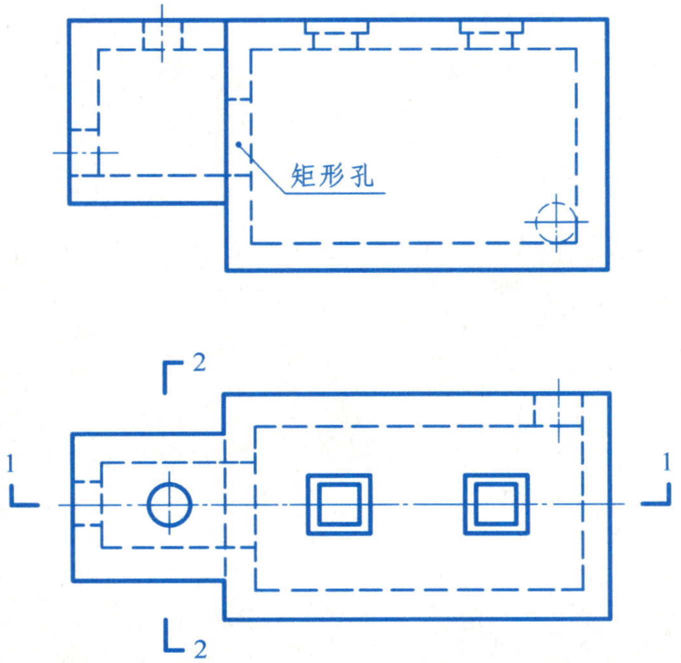

4. 画出房屋的1—1剖面图(门窗高度及形式均相同)。

正立面图

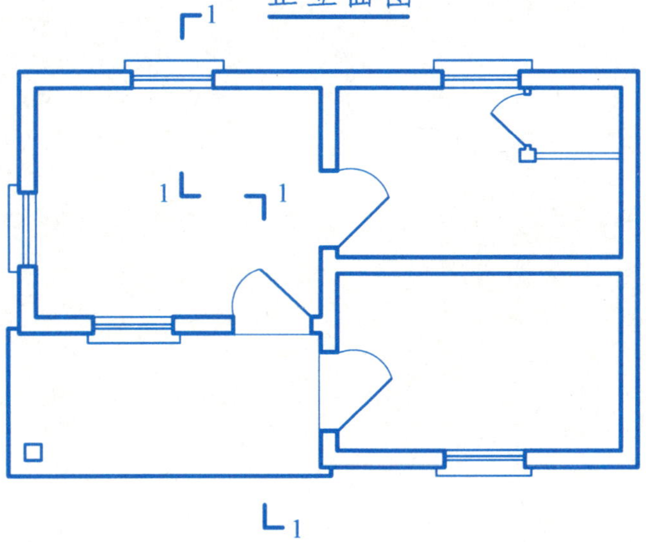

平面图

5. 填充：

(1) 当用剖切平面剖切一个物体时，剖切平面与物体相交的图形称为______图。剖切后所得出物体剩下部分的视图，则称为______图。当剖切平面与物体的______重合，且全剖面图位于基本视图的位置时，可以不标注____________________。

(2) 在第2题中，正立面图采用的是___剖面图(注：平面图仅画了图形的一半)。

习题9　剖面图	专业	姓名	学号	日期	评阅	成绩

作业 3　窨井的剖面图

作 业 指 示 书

一、目的

1. 学习使用剖面来表达工程形体的图示方法和剖面图中的尺寸标注。
2. 通过作业，进一步掌握全剖面图和半剖面图的适用范围和图示方法。

二、内容

根据窨井的附图，画出左侧立面图，并把各图改画成适当的剖面图且标注尺寸。

三、要求

1. 图纸：透明描图纸，A3 图幅。图标格式见右下角所示。
2. 图名：窨井。
3. 比例：1∶20。
4. 图线：墨线图。剖切到的轮廓线宽度约为0.7 mm；未剖切到的可见轮廓线宽度约为0.35 mm；尺寸线、单点长画线宽度约为0.18 mm。
5. 字体：汉字用长仿宋体。剖面图下方的名称(如1—1剖面)，汉字用7号字，比例数字用5号字。尺寸数字一律用3.5号字。

图标中校名、图名用7号字，其余汉字均用5号字，日期用3.5号字。

6. 作图准确、图线粗细分明、尺寸齐全无误、字体端正整齐、图面匀称整洁。

四、说明

1. 按A3图幅的规格和作业指示书规定的图标格式，用H铅笔先画（轻、细）图框、图标的稿线，然后按1∶20的比例布置窨井的三视图(剖面图)。画三视图的稿线时，可交叉进行。可先画出圆管的反映圆形的视图，再画圆管的其他视图。当事先选择好剖面图后，可直接按所选的剖面图要求绘制稿线。画成剖面图后，尺寸布置要作适当的调整。打好字格。经校对无误后，再按线型要求进行上墨。画出材料图例，最后写尺寸数字及汉字。

2. 窨井的底板和下面垫层的材料均为混凝土，圆管为钢筋混凝土，窨井的筒身由砖砌筑而成。砖的材料图例为45°方向等距的细实线，间距约为2 mm。不管在哪一个剖面图中，45°方向和间距必须保持一致。

3. 附图中窨井顶部的尺寸450 mm×450 mm，930 mm×930 mm为长度和宽度两个方向的尺寸示意。当用三视图表达物体时，长度方向的尺寸标注在正立面图中，宽度方向的尺寸则应标注在侧立面图中，请注意半剖面图中的尺寸标注方式。

4. 在剖面图中，当某些尺寸数字必须注写在材料图例范围内时，材料图例应避开数字，以保证数字的清晰。

5. 本作业不画窨井的轴测图。

五、附图

窨井的视图和轴测图见第16页附图所示。

<table>
<tr><td colspan="3">(校　名　　　　　　　　　　)
专业　　学号</td><td>图　别</td><td>投影制图</td></tr>
<tr><td colspan="3"></td><td>图　号</td><td></td></tr>
<tr><td>制　图</td><td></td><td>(日　期)</td><td colspan="2" rowspan="2">(图　名　　　　　　　)</td></tr>
<tr><td>审　核</td><td></td><td></td></tr>
</table>

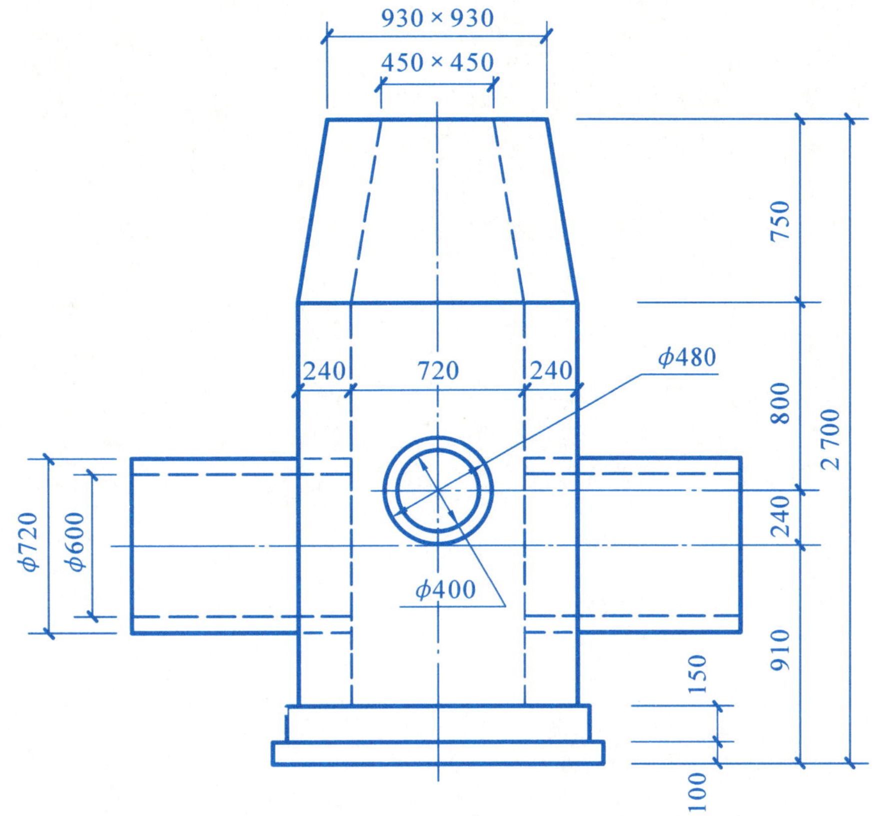
930 × 930
450 × 450
750
800
2 700
240
910
150
100
240
720
240
ϕ480
ϕ400
ϕ720
ϕ600

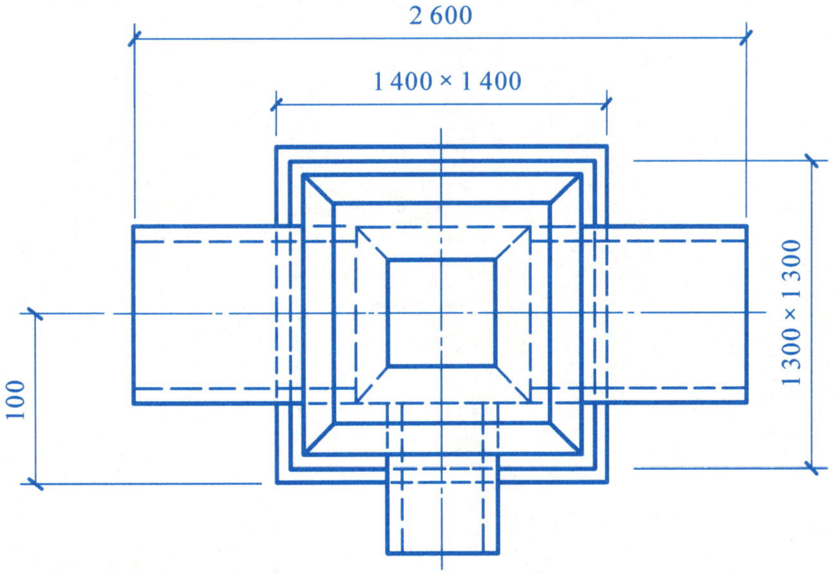
2 600
1 400 × 1 400
1 300 × 1 300
100

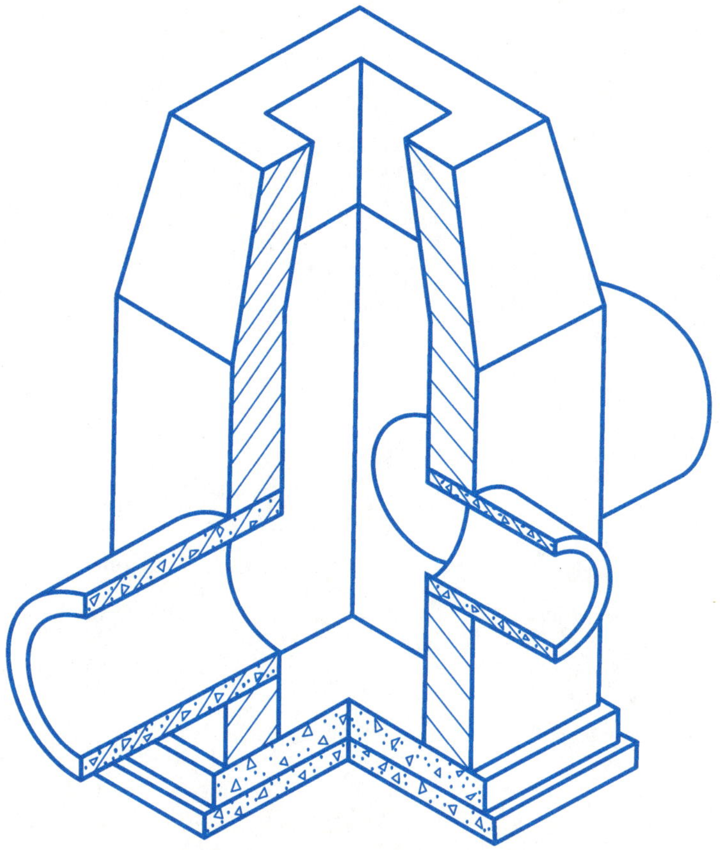

窨井剖切轴测图

1.画出1—1、2—2和3—3断面图（要求放大1倍）。

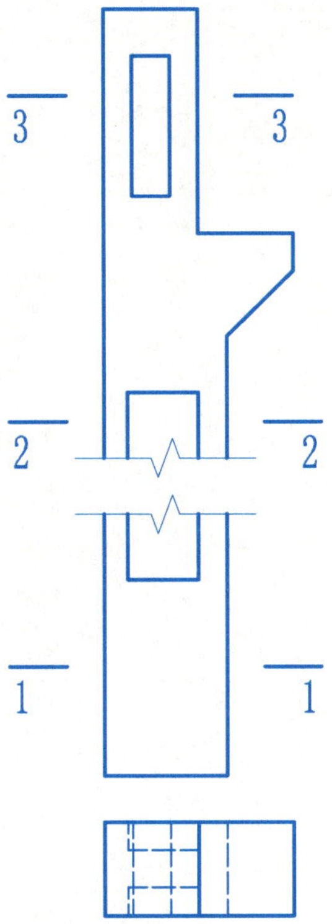

3—3

2—2

1—1

2.画出1—1和2—2断面图。

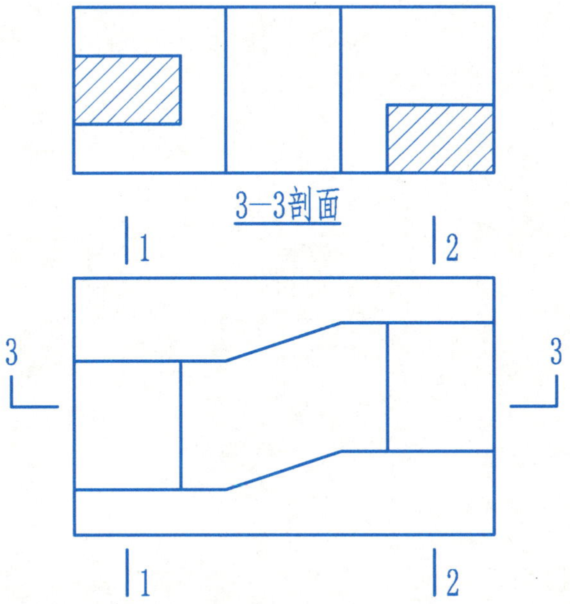

1—1

2—2

3.下列三视图是按照1:5比例绘制的，标注该工程形体的尺寸（定形、定位和总尺寸）。

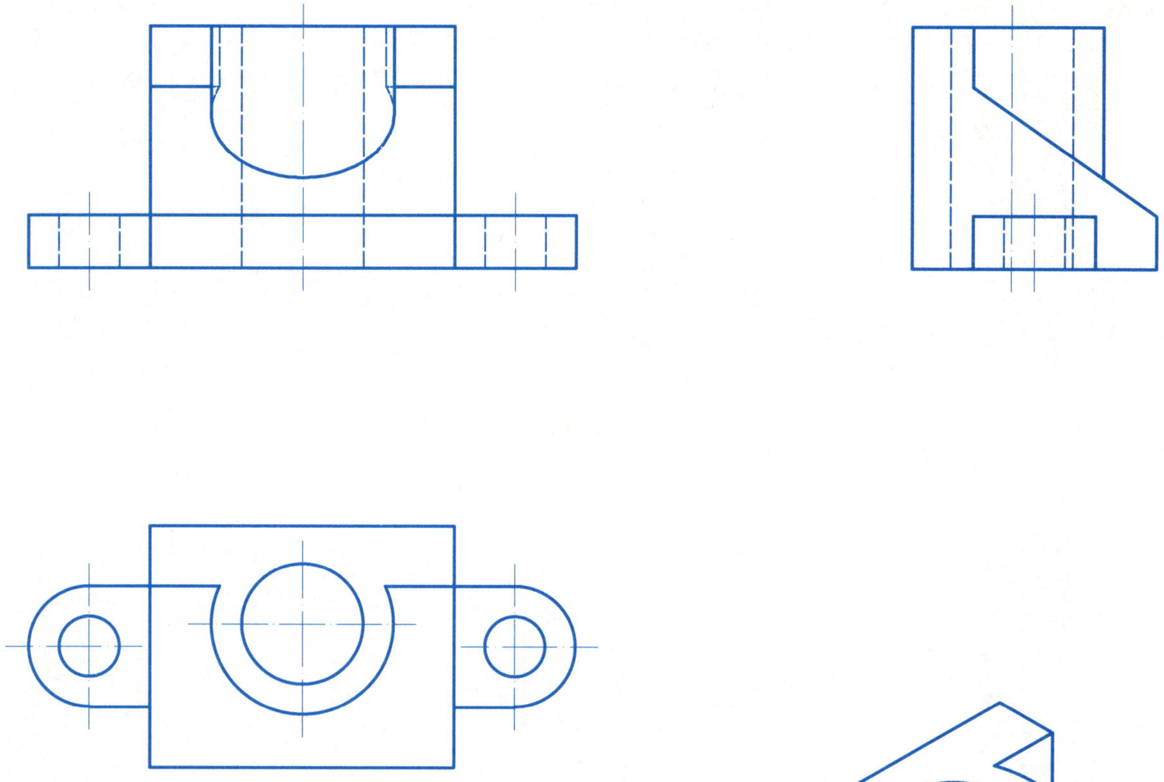

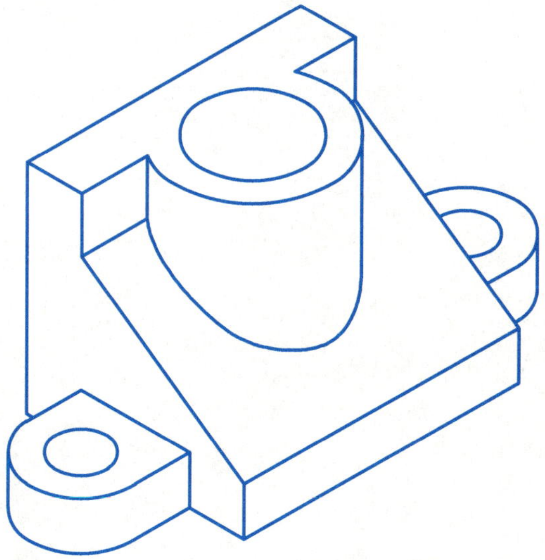

习题10　断面图和尺寸标注	专业	姓名	学号	日期	评阅	成绩

作业 4　料仓的剖面图和断面图

作 业 指 示 书

一、目的

1. 学习使用剖面和断面来表达较复杂工程形体的图示方法和尺寸注法。

2. 通过作业进一步掌握剖面图和断面图的选择以及它们的综合应用。

3. 提高读图能力。

二、内容

根据料仓的附图，把平面图和正立面图分别改画成1—1旋转剖面和2—2旋转剖面，抄绘3—3剖面和4—4剖面，补出5—5断面和6—6断面，并标注尺寸。

三、要求

1. 图纸：透明描图纸，A3图幅。图标格式见右下角所示。

2. 图名：料仓。

3. 比例：1∶100。

4. 图线：墨线图。剖切到的轮廓线宽度约为0.7 mm；未剖切到的可见轮廓线宽度约为0.35 mm；尺寸线、单点长画线、图例线宽度约为0.18 mm。

5. 字体：汉字用长仿宋体。各剖面图下方的名称(如1—1剖面等)汉字用7号字，数字用5号字。尺寸数字均用3.5号字。剖切线处剖面、断面的编号数字也用5号字。

图标中的校名、图名用7号字，其余汉字均用5号字，日期用3.5号字。

6. 作图准确、图线粗细分明、尺寸齐全无误、字体端正整齐、图面匀称整洁。

四、说明

1. 料仓由圆柱形料筒、圆锥形料斗、矩形皮带廊和正方形支承柱等组成。

2. 为简化起见，假定料仓的各部分组合是整体性的、材料图例都用45°方向等距细线表示(并非砖砌)。

3. 1—1(旋转)剖面按料仓正立面图中1—1剖切线位置转平绘制。

4. 4—4剖面是在平面图和正立面图未剖的情况下，为了将料仓的矩形孔反映清楚和便于标注尺寸而画出的。当平面图和正立面图都画成剖面图后，4—4剖面也可以省略不画。

5. 左、右两皮带廊都用折断线断开，5—5断面和6—6断面可画在相应折断线的外侧，即中断断面的形式。

6. 各剖面、断面名称的右侧都应注出比例，如1—1剖面 1∶100等。

7. 在画稿线时，应全面考虑各剖面图、断面图的布置，务必使其均匀、合理。

五、附图

料仓的附图见第19页。

<table>
<tr><td colspan="3" rowspan="2">(校　名　　　　　　　　　)
专业　　学号</td><td>图　别</td><td>投影制图</td></tr>
<tr><td>图　号</td><td></td></tr>
<tr><td>制　图</td><td></td><td>(日　期)</td><td colspan="2" rowspan="2">(图　名　　　　　　)</td></tr>
<tr><td>审　核</td><td></td><td></td></tr>
</table>

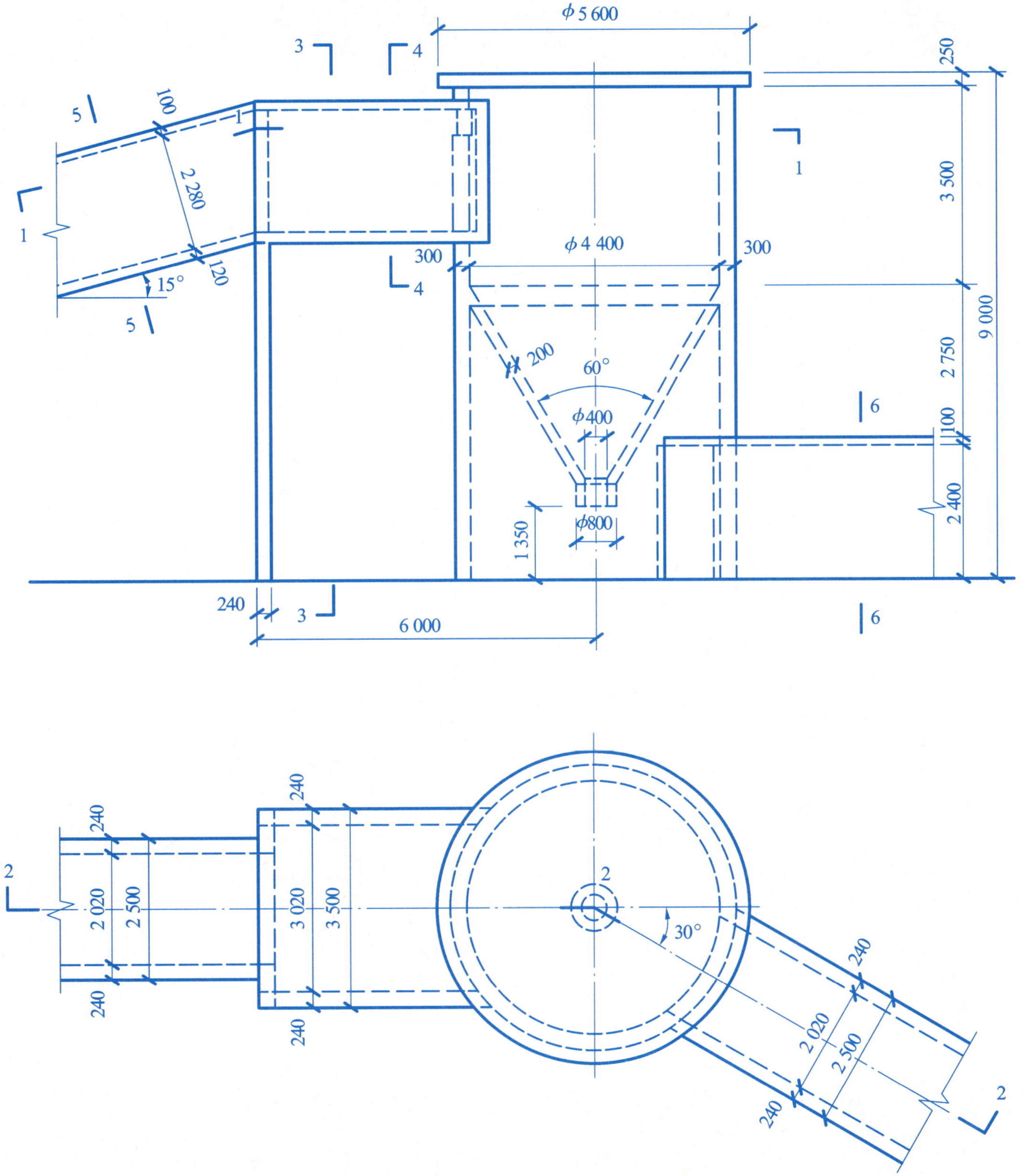

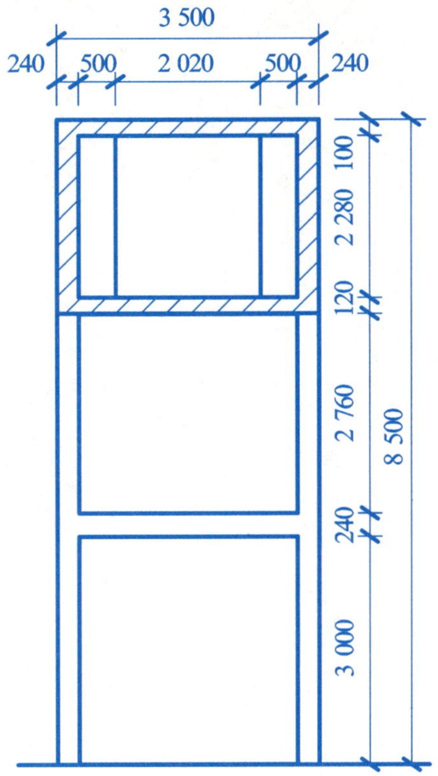

3—3剖面 1∶100

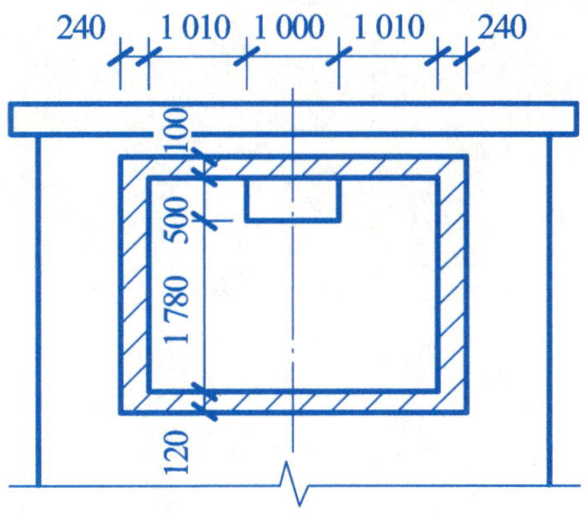

4—4剖面 1∶100

自学《建筑工程制图》教材第3章3.1节，并完成下面习题

1. 房屋施工图由于专业分工的不同，又分为________施工图、________施工图和_____施工图。房屋施工图是直接用来为_____服务的图样，是房屋___的技术依据。

2. 建筑施工图一般包括施工总说明、______、______、______、______、______、_____和______等图纸。

3. 各种房屋，虽然在使用要求、外部造型、内部布局、结构形式以及细部构造上各不相同，但是构成建筑的主要部分基本相同，一般有____。

4. 教材中图3-1、图3-2是某培训大楼(四层楼房)的剖切轴测图。图中已注写出该房屋的各部分建筑名称有:____

5. 参照教材中表1-4，设粗实线的宽度为b，把下面楼梯平面图中各种图线的相对宽度(如$\frac{1}{2}b$，$\frac{1}{4}b$等)注写在括号内。

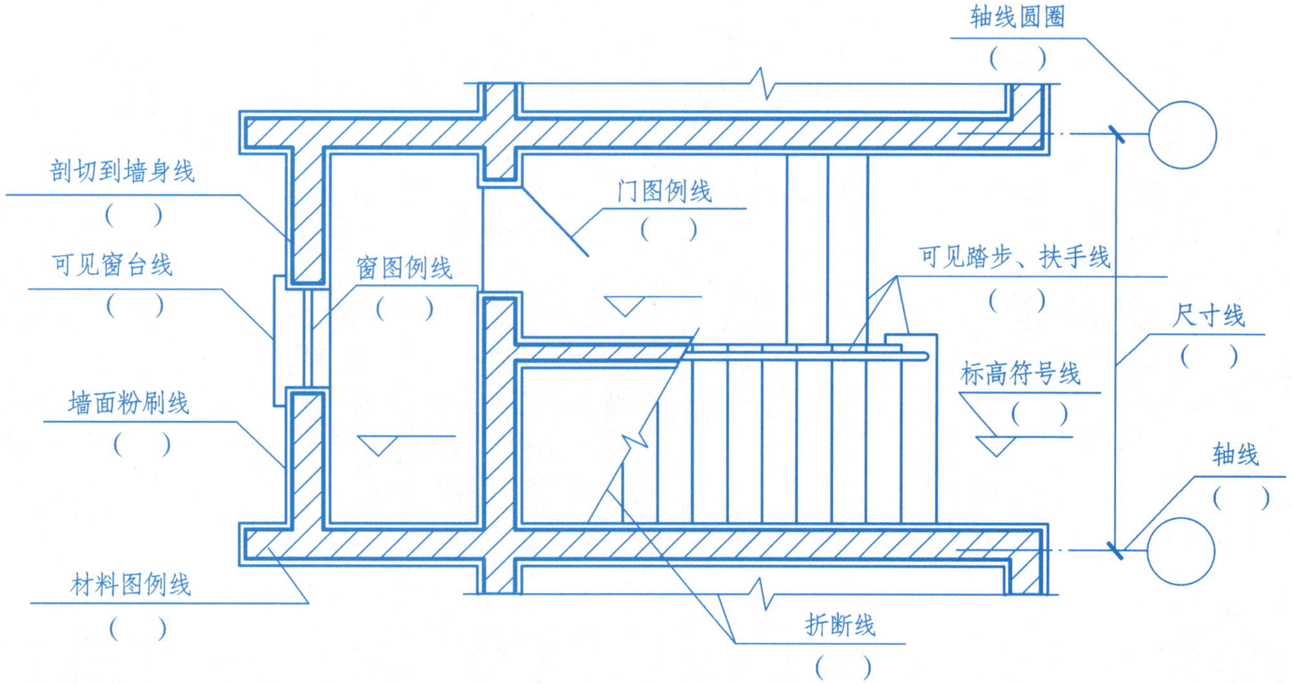

6. 把房屋施工图中常用的比例填入表内(参见教材中表1-8)。

图名	常用比例
总平面图	
平面图、立面图、剖面图、结构布置图	
详图	

7. 画出(局部)平面图中定位轴线的圆圈和注写轴线编号(圆周直径为 8 mm)。

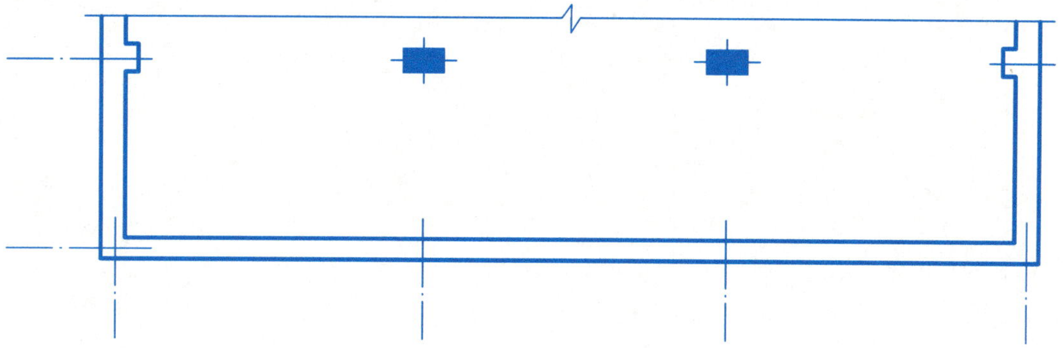

8. 画出下列材料图例(参见教材中附录三)。

自然土壤　素土夯实　砖　金属　钢筋混凝土　粉刷

9. 设窗洞的上沿(窗过梁底面)离零点标高为6300mm，下沿(窗台面)离零点标高为4500mm。用标高符号标注出窗洞上、下沿的标高。

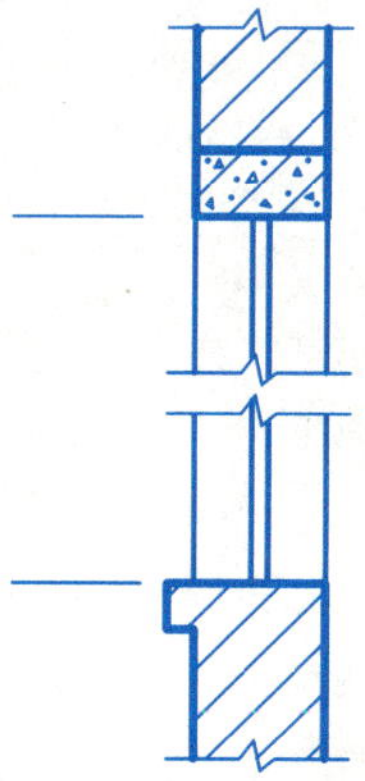

10. 说明下表中索引标志和详图标志中数字的意义(参见教材中附录四)。

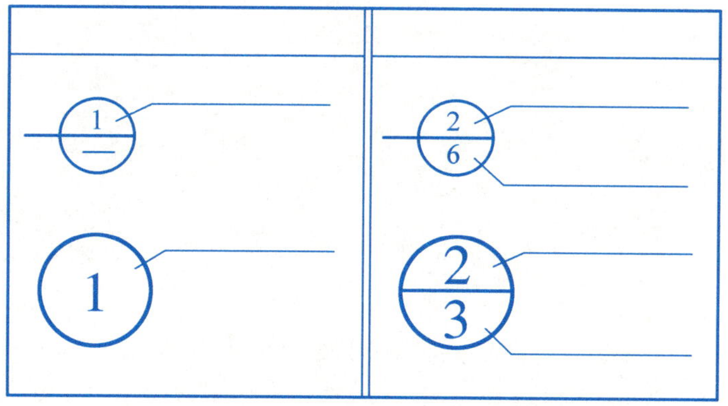

习题11　房屋图基本知识　　专业　　姓名　　学号　　日期　　评阅　　成绩

自学《建筑工程制图》教材第3章3.1节、3.2节、3.3节，并完成下面习题

1. 总平面图是表明新建房屋所在基地有关范围内的______，它反映新建房屋、构筑物的________，室外场地、道路、绿化等的布置，____________等以及与原有环境的关系和________等。

2. 建筑平面图主要表示建筑物的_____，水平方向各部分(如出入口、______、______、______等)的布置和组合关系，以及____位置、_____的布置和其他建筑构配件的位置和大小等。

3. 阅读下面的总平面图，把该总平面图的有关图例名称填写在右侧图例的下方(参见教材中附录一)，并把各建筑物的层数和地面标高填入表1内。

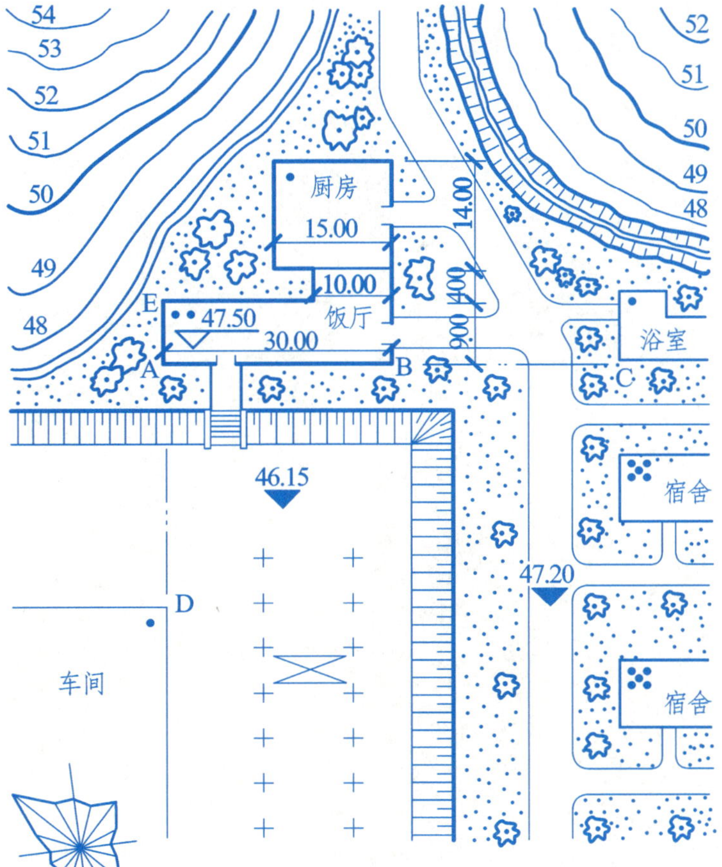

总平面图　1∶1 000

图例

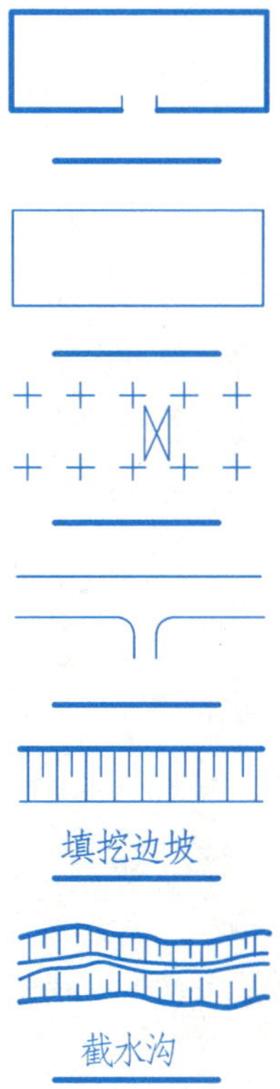

表1

名称	厨房	饭厅	浴室	车间	宿舍
层数					

名称	饭厅室内地坪	车间室外整平地坪	道路
标高			

4. 建筑平面图(除屋顶平面图外)实际上是____水平剖面图，它的剖切位置在_____上方，移去上面部分以后向下作正投影所形成，这种剖面图习惯上称为____。一般来说，四层房屋应分别画出____建筑平面图。当四层房屋的二、三层平面布置完全相同时，可以只画一个共同的平面图，该平面图称为______平面图。

5. 设双跑楼梯的每一梯段均为10级踏步，试画全下面的楼梯平面图(参见教材中附录二)。

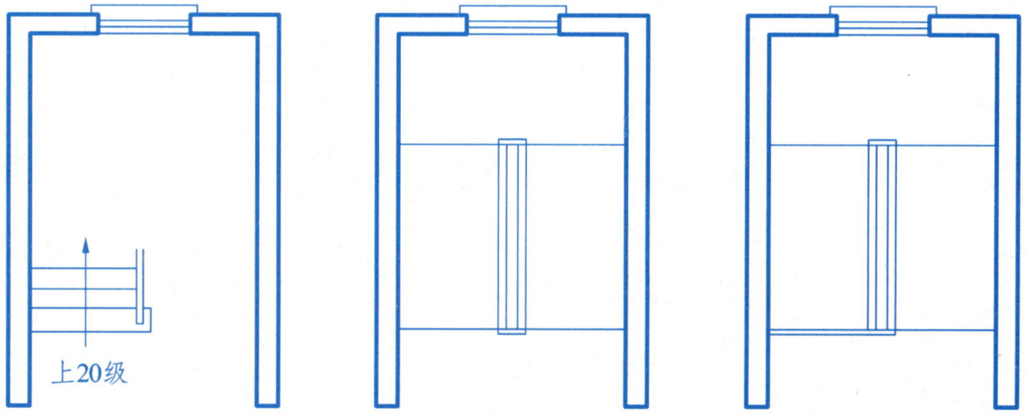

底层平面图　　标准层平面图　　顶层平面图

6. 画全下列(局部)平面图中的门、窗图例(参见教材中附录二)。

外开平开窗　　双扇双面弹簧门　　外开单扇门

7. 建筑平面图中的平面尺寸均采用____为单位；而表明楼地面、楼梯平台面和室外地面等的标高，则采用_____为单位。

习题12　总平面图、建筑平面图	专业	姓名	学号	日期	评阅	成绩

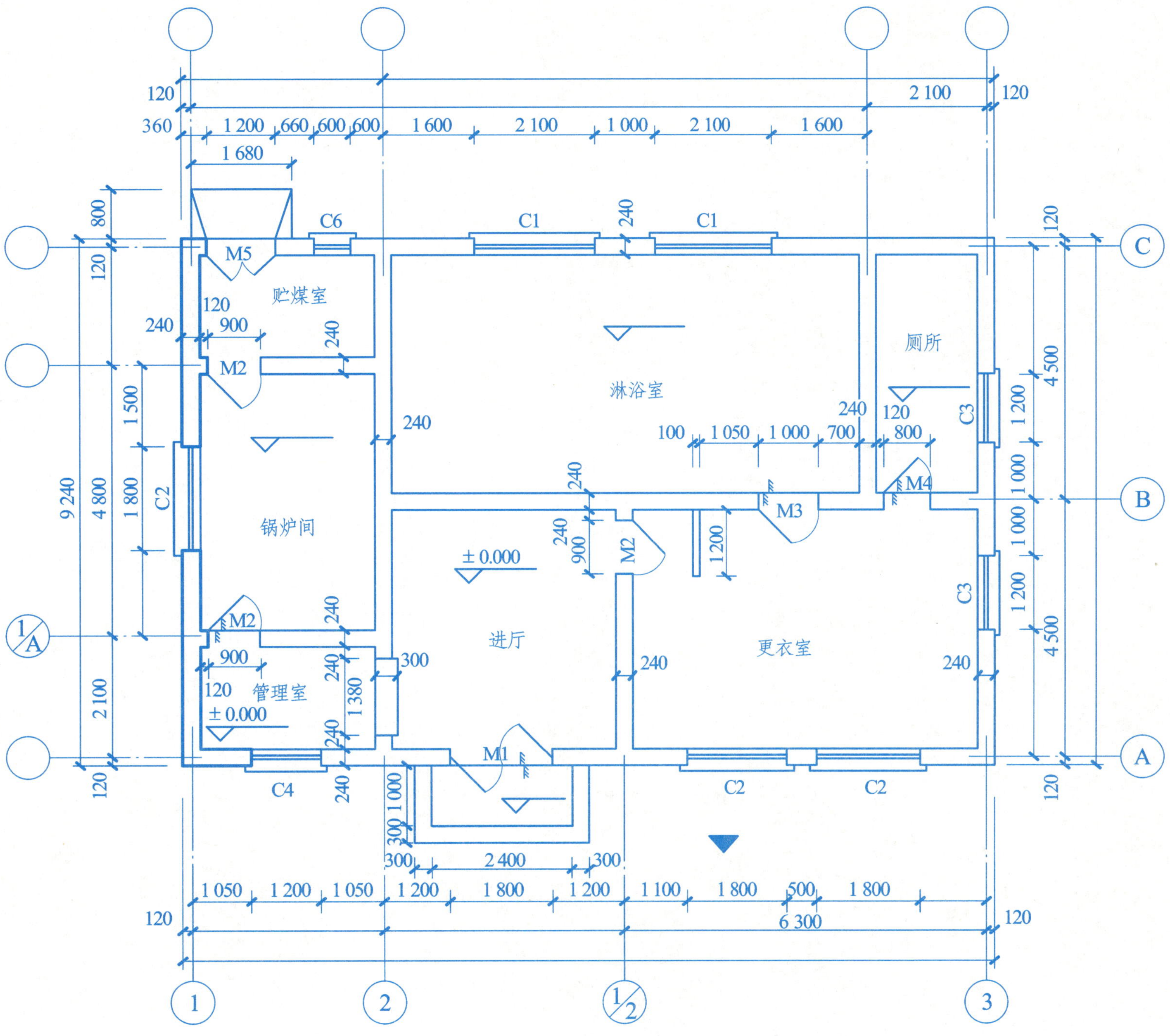

平 面 图 1:100

左图为某浴室的建筑平面图。设进厅、更衣室、管理室等房间的室内地面标高为 ±0.000 。淋浴室的地面比它低 50 mm；厕所的地面比它低 20 mm ；锅炉间的地面比它低 30 mm；台阶顶面比它低 20 mm，台阶的每级踏步高为 150 mm 。

要求：

1. 按建筑平面图中各种图线的宽度要求，用铅笔进行加深。

2. 注全所有的尺寸及标高，写全定位轴线编号。

3. 该浴室出入口所在立面(外墙面)的朝向为南偏西 30°，在平面图的右下角画上指北针(指北针的符号及大小参见教材中附录四)。

4. 计算各房间的净面积，并填入下表内。

名称	净长尺寸/m	净宽尺寸/m	净面积/m²
进　厅			
淋 浴 室			
更 衣 室			
厕　所			
贮 煤 室			
锅 炉 间			
管 理 室			

习题13　建筑平面图	专业	姓名	学号	日期	评阅	成绩

作业 5　建筑平面图

作 业 指 示 书

一、目的

1. 熟悉一般居住建筑的建筑平面图的内容和表达方法。

2. 通过作业掌握绘制建筑平面图的步骤和方法。

二、内容

按教材中图3-6(参阅图3-1)，抄绘某培训大楼的三层建筑平面图。

三、要求

1. 图纸：透明描图纸，A3图幅。图标格式见右下角所示。

2. 图名：三层平面图。

3. 比例：1∶100。

4. 图线：墨线图。剖切到的墙身轮廓线宽度约为0.5 mm，未剖切到的可见轮廓线宽度约为0.25 mm；定位轴线(单点长画线)、尺寸线等宽度约为0.18 mm。

5. 字体：汉字用长仿宋体。平面图下方的图名(如三层平面图)用7号字；平面图中各部分名称(如宿舍、会议室、男厕、盥洗室、走廊等)用5号字。轴线编号圆圈中的数字和字母用5号字；尺寸数字用3.5号字。

图标中校名、图名用7号字；其余汉字均用5号字。

6. 作图准确、图线粗细分明、尺寸标注无误、字体端正整齐、图面匀称整洁。

四、说明

1. 绘图步骤参见教材中图3-22及其说明。先用H铅笔画(轻、细)底稿线图，然后按图线要求上墨加深，最后注写尺寸数字、名称和说明等。

2. 本作业是三层平面图，该培训大楼西南端的雨篷和走廊东端的雨篷已在二层平面图中表明，故在三层平面图中不必画出。

3. 三层平面图中的标高，只要注写相应的三层楼面和二、三层间楼梯平台面的建筑标高数字。

4. 绘制男厕、盥洗室中的固定设备时，它们的详细尺寸见教材中图3-8。

五、附图

在1∶100的建筑平面图中，门窗都按规定图例表示，建筑细部(如窗台、阳台、楼梯踏步及扶手等)的尺寸不予标注，将另在建筑详图中表明。现把本作业的有关图例和细部的画图尺寸附图如下：

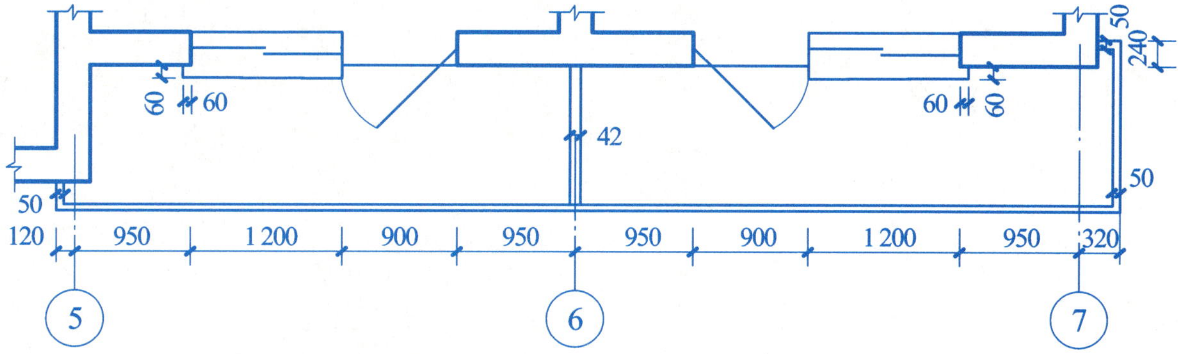

阳 台 平 面 图　1∶60

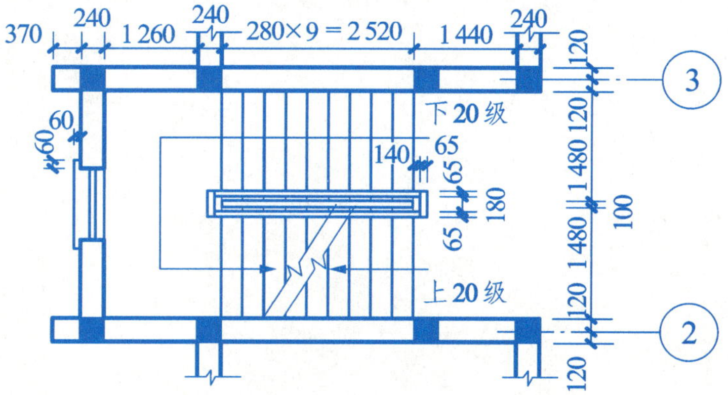

三 层 楼 梯 平 面 图　1∶100

(校　名　　　　　　)				图　别	建　施
专业　　学号				图　号	
制　图		(日　期)	(图　名　　　　　)		
审　核					

自学《建筑工程制图》教材第3章3.4节，并完成下面习题

1. 建筑立面图是平行于建筑物各个立面(外墙面)的正投影图。它是表示建筑物的_____和表明外墙面___要求的图样。

2. 一般房屋有四个立面，通常把反映房屋主要出入口的立面图称为____图，背后的立面图称为_____图，两侧的立面图称为_____图。也可以按房屋立面的朝向来定立面图的名称，如________立面图，或用立面图的两端_____来定立面图的名称。

3. 立面图的比例一般与平面图相同，常采用______的比例绘制。

4. 在立面图中，门、窗用图例表示，如下图所示。在下列门、窗立面图中画出开启方向符号(参见教材中附录二)。

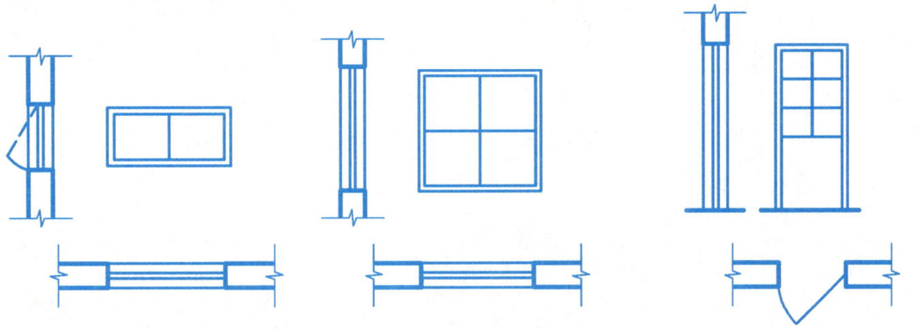

外开上悬窗　　外开平开窗　　外开平开门

5. 在立面图中，一般只标注立面上的一些主要标高。阅读教材中图3-10～图3-13，即某培训大楼的南、北、东、西立面图，把这些立面图中所标注的各部分标高值填入表内。

名 称	室外地面	台阶顶面	室内地面	底层窗台面	底层窗洞顶面	雨篷底面	二层窗台面
标 高							

名 称	二层窗洞顶面	三层窗台面	三层窗洞顶面	四层窗台面	四层窗洞顶面	女儿墙顶面
标 高						

名 称	水箱顶面	阳台栏板顶面：二层　三层　四层	四层阳台雨篷底面
标 高			

名 称	出入口花台顶面	西立面花台顶面	西立面底层小窗洞底面	西立面底层小窗洞顶面
标 高				

6. 把该培训大楼立面的外部装修做法填入下表内。

名 称	勒　脚	外 墙 面	出入口雨篷贴面	阳台雨篷贴面
做 法				

名 称	窗　台	阳台栏板上部贴面	阳台栏板下部贴面	外墙面引条线
做 法				

7. 下图为某浴室(平面图见22页)的①—③立面图(南立面图)。要求：

(1) 按建筑立面图中各种图线的宽度要求，用铅笔进行加深。

(2) 在立面图中，标注出各部分的标高，具体标高值如下表所示。

(3) 在窗图例中按实际可能画出开启方向符号。

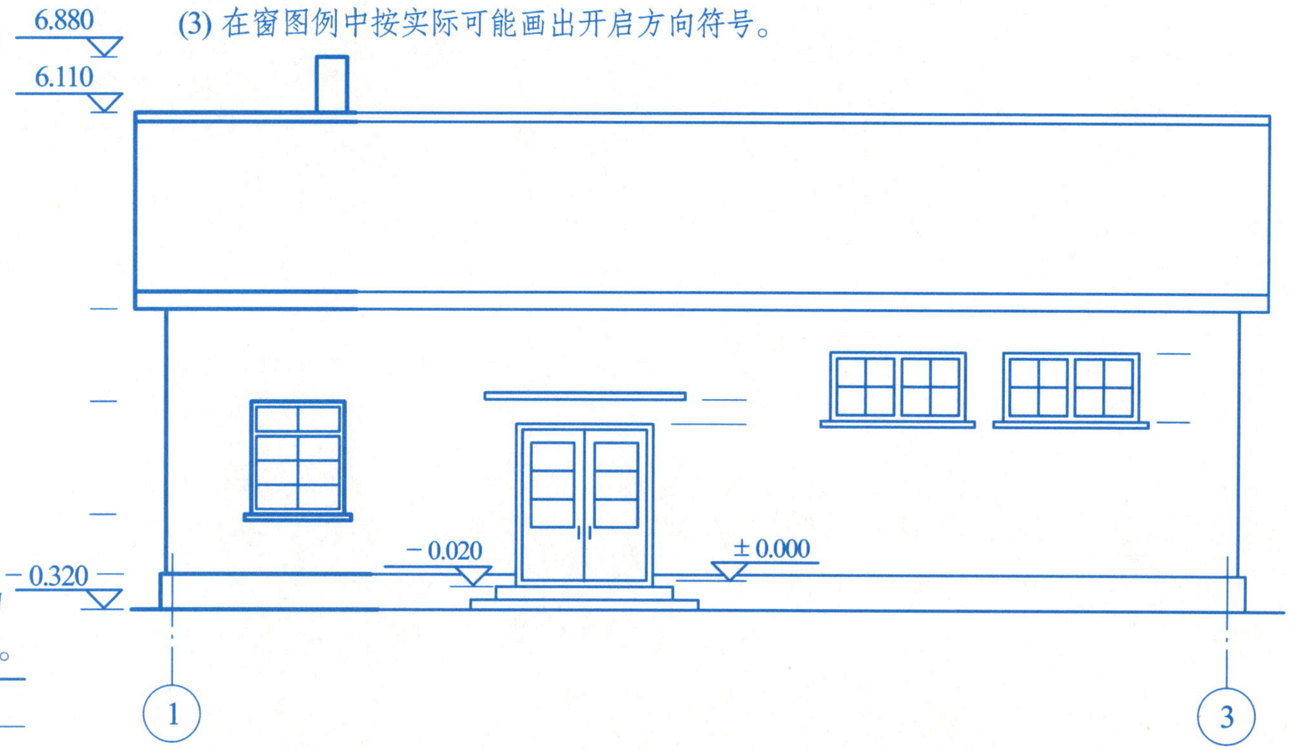

①—③立 面 图　1:100

名 称	屋檐底面	雨篷底面	门洞顶面	勒脚
标 高	3.600	2.400	2.100	0.130

名 称	左侧窗洞顶面	左侧窗台面	右侧窗洞顶面	右侧窗台面
标 高	2.400	0.900	3.000	2.100

习题14　建筑立面图	专 业	姓 名	学 号	日 期	评 阅	成 绩

作业 6　建筑立面图

作 业 指 示 书

一、目的

1. 熟悉建筑立面图的内容和要求。

2. 通过作业掌握绘制建筑立面图的步骤和方法。

二、内容

按教材中图3-10(参阅图3-5～图3-7各层平面图)，抄绘某培训大楼的南立面图。

三、要求

1. 图纸：透明描图纸，A3图幅。图标格式见右下角所示。

2. 图名：南立面图。

3. 比例：1∶100。

4. 图线：墨线图。立面图最外轮廓线宽度约为0.4 mm；室外地坪线宽度约为0.6 mm；凸出的墙面、雨篷、台阶、花台、阳台等轮廓线宽度约为0.3 mm；门窗洞及窗台、勒脚、花格等轮廓线宽度约为0.2 mm；门窗分格线、墙面引条线、水斗及雨水管、定位轴线(单点长画线)、尺寸线、标高符号、说明引出线等宽度约为0.15 mm。

5. 字体：汉字用长仿宋体。立面图下方的图名(南立面图)用7号字；文字说明用5号字(或略小些)；尺寸和说明中数字均用3.5号字；轴线编号圆圈中数字用5号字。

图标中字号与前面作业相同。

6. 作图准确、图线粗细分明、尺寸标注无误、字体端正整齐、图面匀称整洁。

四、说明

1. 绘图步骤参见教材中图3-23及其说明。先用H铅笔画(轻、细)底稿线图，然后按图线要求上墨加深，最后注写标高数字、名称和说明。

2. 在1∶100的建筑立面图中，门窗均按规定图例表示。门、窗框的双线间的距离约为50 mm，切忌画得过宽，以免与实际比例不符。阳台门上悬窗的高度尺寸均按400 mm绘制；平开门、窗的玻璃分格按等分画出。出入口的双扇弹簧门的门扇高为2 100 mm，门扇玻璃分格及把手按大致比例画出。

3. 勒脚和花台的高度均为450 mm。出入口雨篷和四层阳台上的雨篷的高度均为300 mm。窗台的厚度为60 mm。墙面引条线的位置与窗洞的上、下面平齐。

五、附图

南立面图中的花格、水斗、阳台和水箱等的细部画图尺寸如本页和后页的附图所示。

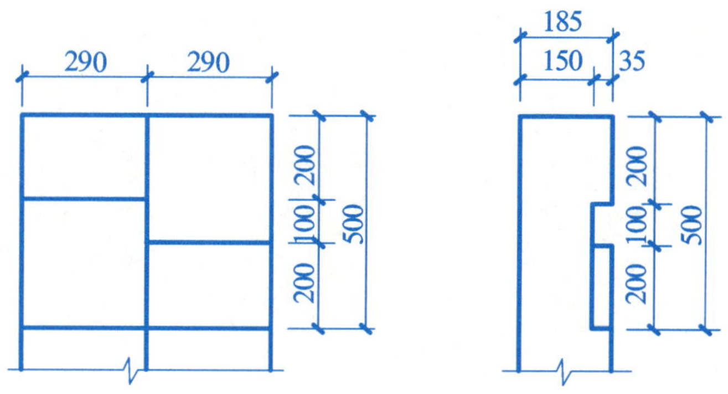

花格(局部)单线图

(校 名)			图 别	建 施
专业 学号			图 号	
制 图		(日 期)	(图 名)	
审 核				

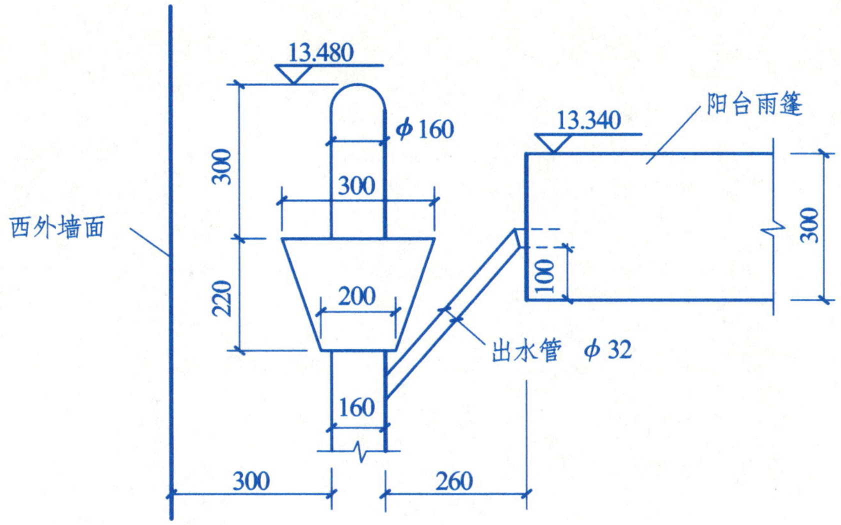

西侧水斗位置图　　东侧水斗位置图

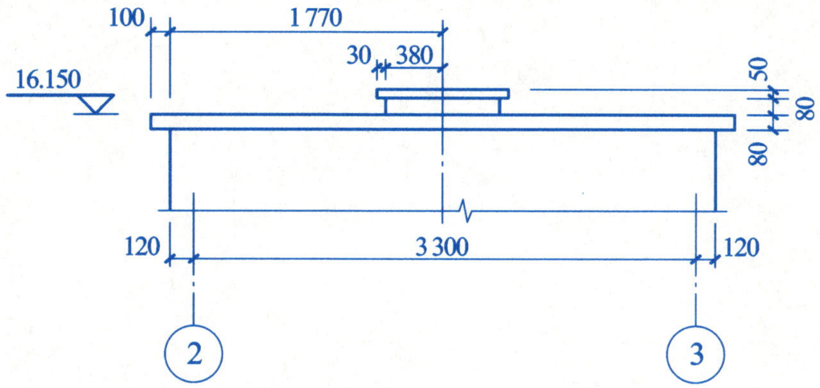

水箱(局部)立面图

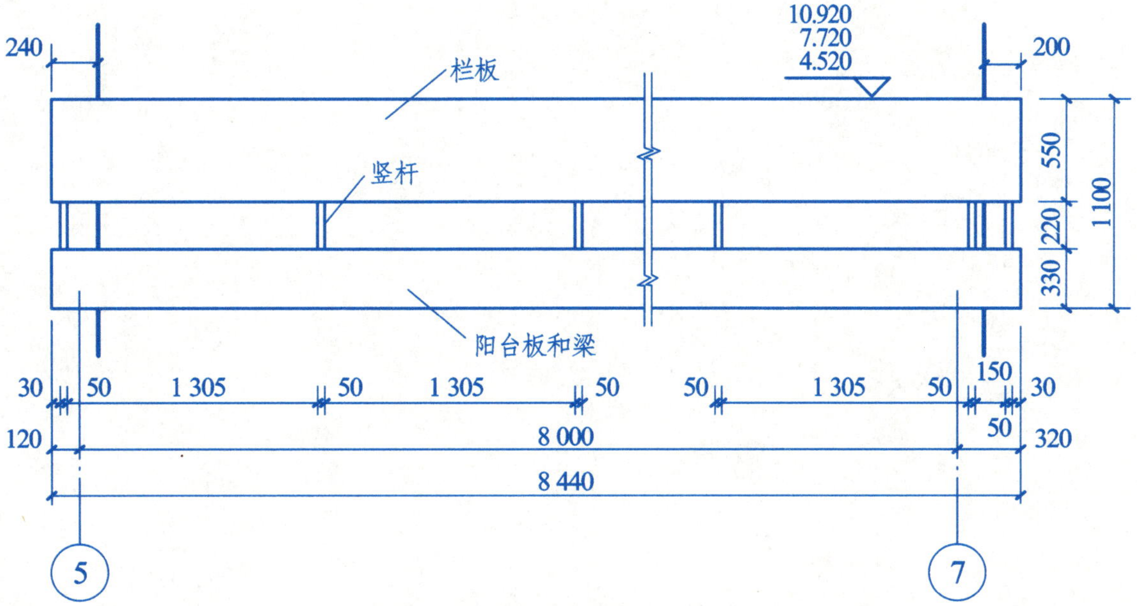

阳台(局部)立面图

自学《建筑工程制图》教材第3章3.5节和3.6节，并完成下面习题

1. 建筑剖面图是建筑物的垂直剖面图，它是表示建筑物内部垂直方向的____________________等情况的图样。剖面图的剖切位置一般选择在____________________的部位。表明剖面图剖切位置的剖切线及其编号应表示在______层平面图中。

2. 建筑剖面图一般与建筑平、立面图一样，采用_______的比例绘制。当剖面图比较复杂时，也可采用较大的比例，如1∶50。

3. 建筑剖面图一般应标注出剖切到部分的_____尺寸和_____。外墙的竖向尺寸一般标注三道尺寸：最外侧的第三道尺寸为室外地面以上的______尺寸；第二道尺寸为______尺寸；第一道尺寸为门、窗洞及洞间墙的_____尺寸。外墙面上各部分的标高在建筑立面图中已经注明，在建筑剖面图中应补充标注出房屋内部的一些标高，如_______________等。

4. 阅读教材中图 3-14 的1—1剖面图，把各层的层高和有关部分的标高填入下表内。

	底　层	二　层	三　层	四　层
层　高/m				

	室外地面	室内地面	二层楼面	三层楼面	四层楼面
标　高/m					

	楼梯平台下的地面	底层楼梯平台面	二层楼梯平台面	三层楼梯平台面
标　高/m				

5. 由于建筑平、立、剖面图的比例较小，因而某些_______和_______的详细构造和尺寸等都无法表达清楚，必须另外绘制比例较大的建筑详图。

6. 建筑详图所画的节点部位，应在有关的建筑平、立、剖面图中绘注出___________，并在所画建筑详图上绘制_______和写明_______。索引符号和详图符号中的详图编号(即圆圈内分子编号)应_________；图纸编号(即圆圈内分母编号)是对应图纸的编号，以便对照查阅。

7. 阅读教材中图3-16～图3-20，完成下面的填充题。

(1) 图3-16是外墙自上而下的四个节点详图，即__________详图、__________详图、________详图和________详图。它们还表示出屋顶、楼板层和地面的分层构造。外墙面粉刷层做成______________；内墙面粉刷层做法为__________________________________；勒脚做法为________________；踢脚做法为______________________。

(2) 图3-19为木门详图。它采用_____图和_____图来表示。

(3) 图3-17是天沟详图，它表明了屋面天沟处的分层构造。天沟板厚度为_______mm。屋面防水主要依靠100mm 厚钢筋混凝土屋面板本身，以及_________________________来完成。

(4) 图3-20楼梯节点详图，它表明了楼梯踏步、栏杆、扶手等的构造和尺寸。踏步宽度为_____mm。踏步高度有两种，即______mm 和______mm。前者为底层楼梯第一上行梯段的踏步高；后者为其余梯段的踏步高。楼梯扶手面至踏步面的高度为________mm，它是指踏面中点处的垂直高度。

习题15　建筑剖面图、建筑详图	专业	姓名	学号	日期	评阅	成绩

根据《建筑工程制图》教材中图3-5～图3-7建筑平面图和图3-20楼梯节点详图及图3-25～图3-30，画出楼梯的底层平面图(女厕中固定设备不画)和四层平面图，并注出平面尺寸和标高(铅笔加深)。

注：所有定位轴线均通过一砖墙的中心。

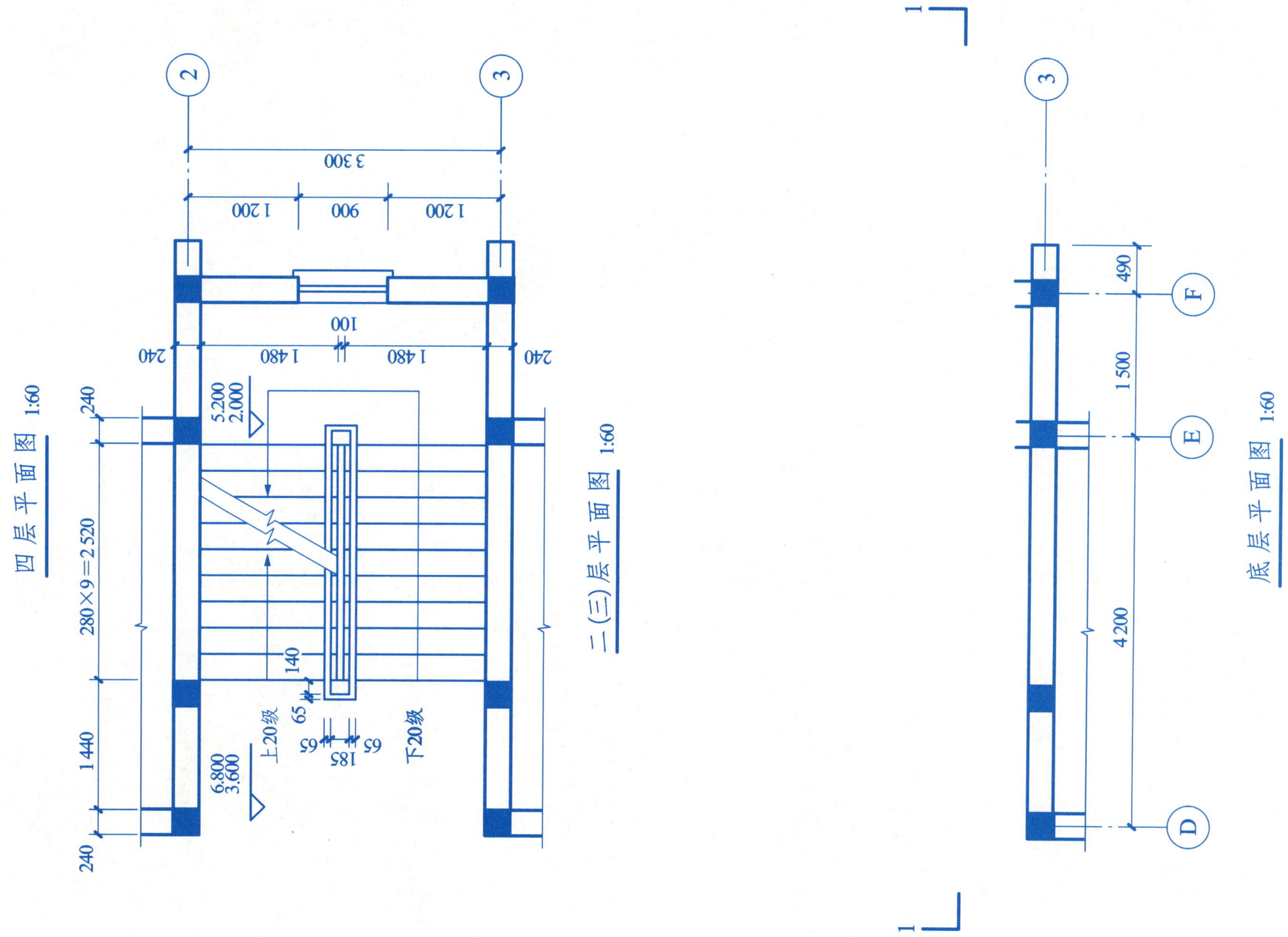

习题16 楼梯平面图	专业	姓名	学号	日期	评阅	成绩

参阅《建筑工程制图》教材中图3-14 1—1剖面图、图3-20楼梯详图、图3-31楼梯剖面图的画法以及前面的楼梯平面图,画全楼梯的1—1剖面(铅笔加深),并注出尺寸和标高。轴线Ⓓ处各层楼面梁断面均为240 mm×300 mm,二层以上楼梯梁断面均为200 mm×300 mm,窗过梁和圈梁(外墙窗台处)的断面均为240 mm×160 mm。楼板和平台板均采用预应力多孔板，板的圆孔省略不画，各层铺设情况相同(见下图)，板厚加面层总厚150 mm。楼梯板厚90 mm，楼梯踏步宽280 mm，高160 mm。踢脚高150 mm,楼梯处踢脚由踏步面中点量取高150 mm。楼梯踏步按未做粉刷层水磨石面层时画出(粉刷层做法另由详图表示),上、下两梯段踏步的踢面对齐;做好粉刷层后，两踢面则错开60 mm。

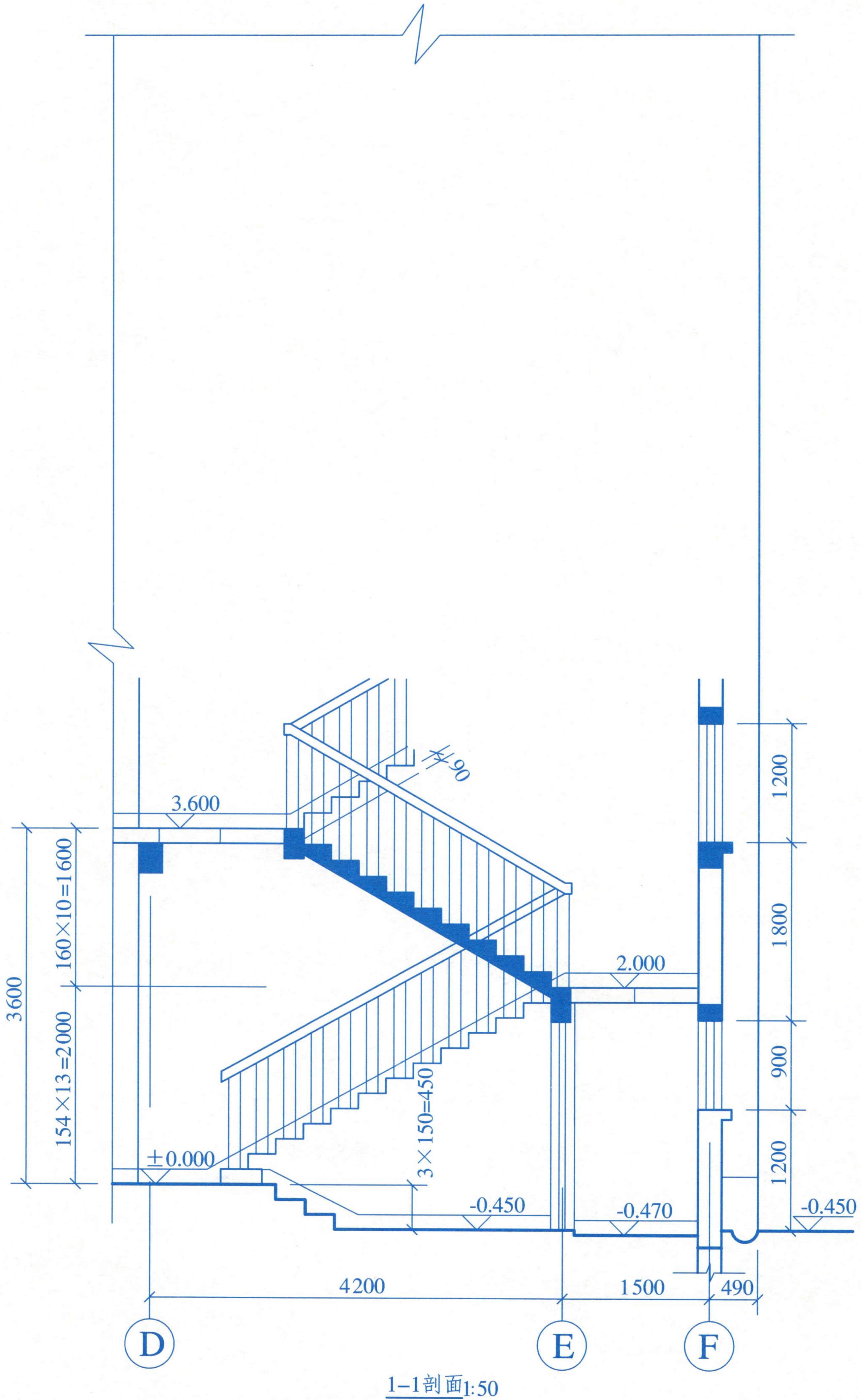

1—1剖面1:50

习题17 楼梯剖面图

专业 姓名 学号 日期 评阅 成绩

作业 7　楼梯剖面图及楼梯节点详图

作 业 指 示 书

一、目的

1. 了解楼梯的建筑剖面图和建筑详图的内容和要求。

2. 熟悉楼梯的各层平面图与剖面图的投影关系和楼梯剖面图的表达方法。

3. 通过作业掌握绘制楼梯剖面图和详图的步骤和方法。

二、内容

按前页你所画的楼梯1—1剖面和教材中图3-20楼梯节点详图，抄绘楼梯1—1剖面和楼梯节点详图。

三、要求

1. 图纸：透明描图纸，A3图幅，图标格式见右下角所示。

2. 图名：楼梯剖面图及节点详图。

3. 比例：(1)1—1剖面1∶50；(2)节点详图1∶20，1∶5，1∶2等或自选合适比例。

4. 图线：墨线图。剖切到的轮廓线宽度为粗线 b；可见轮廓线：如墙身线、楼梯扶手、踏步等为中粗线，楼梯栏杆(钢管)用单线表示时为粗线、用双线表示时为中粗线，门窗图例、粉刷线、尺寸、标高符号、轴线、折断线等为细线，室内外地面线用加粗线。由于各图采用的比例不同，图线宽度 b 也随之变化，可参见教材中表3-1选用。

5. 字体：汉字用长仿宋体。各图下方的图名用7号字；详图中说明用5号字(或略小些)；尺寸及说明中数字用3.5号字。

图标中字号与前面作业相同。

6. 作图准确、图线粗细分明、尺寸标注无误、字体端正整齐、图面匀称整洁。

四、说明

1. 先用H铅笔画(轻、细)底稿线图，然后按各种图线的宽度要求上墨加深，最后注写尺寸、标高数字、图名和说明。

2. 节点详图中的1，2，3号详图可按教材中图3-20进行抄绘。

3. 节点详图中没有标注的细部尺寸，如扶手下扁铁和固定木螺钉，可按大致比例画出。

五、附图

1. 本作业图幅内各图的布置比较紧凑，如下图所示。在画稿线前，必须全盘考虑，使其布置匀称、合理。如果图面布置太挤，楼梯节点详图可另选合适比例。

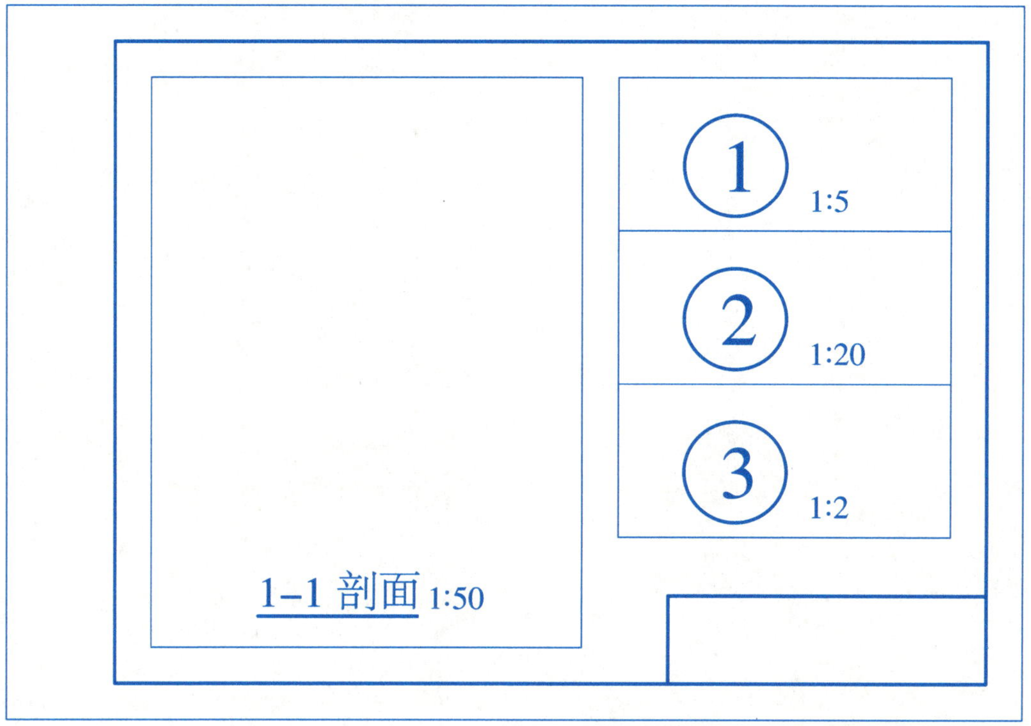

(校　名　　　　)			图　别	建　施
专业　　学号			图　号	
制　图		(日　期)	(图　名　　　　)	
审　核				

自学《建筑工程制图》教材第4章4.1节至4.3节，并完成下面自习题

1. 结构施工图主要表达结构设计的内容，它是表示建筑物______________________的布置、形状、大小、材料、构造及其相互关系的图样。结构施工图一般有______________________________。

2. 由混凝土和钢筋两种材料构成整体的构件，称为________________构件。钢筋按其强度和品种分成不同等级，其中Ⅰ级钢筋的直径符号为______；Ⅱ级钢筋的直径符号为______；冷拔低碳钢丝的直径符号为______。混凝土按其抗压强度分为不同的强度等级，如______________________等。

3. 钢筋混凝土梁和板中的钢筋，按其所起的作用给予不同的名称：梁内有______________________________；板内有__________________________。

4. 钢筋的尺寸标注有两种形式，用文字说明下列两种标注形式中数字和符号的意义：

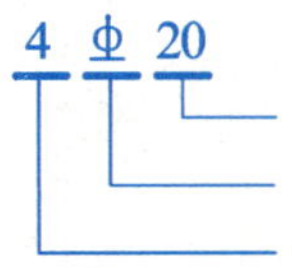

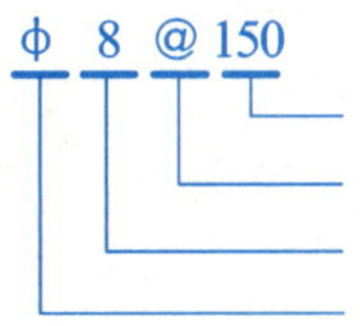

5. 基础图是表示建筑物____________________________________的图样。基础图一般有______________。基础平面图是表示______________________________的图样，它是采用剖切在建筑物______________________图来表示。基础详图是表示基础各部分的______________________的图样，它一般是采用________________图来表示。

6. 基础的形式一般取决于上部承重结构的形式，如墙下的基础做成______基础；柱下的基础做成______基础。

7. 阅读教材中图4-2基础平面图。条形基础的代号为____；柱基础的代号为____；基础梁的代号为______。基础平面图中应标注基础的大小尺寸和定位尺寸。基础的大小尺寸有____；基础的定位尺寸有________________________，这些定位尺寸必须与建筑平面图相一致。

8. 结构平面图是表示建筑物______________________________的图样。楼层结构平面图是采用楼面上方的一个________________来表示。

9. 楼层结构平面图中各承重构件的表达方法：习惯上把楼板下的不可见墙身线和门窗洞位置线画成______线(不画成虚线)；各种梁用______线表示它们的中心线位置；预制楼板的布置不必按实际投影分块画出，而简化为一条____线来表示楼板的布置范围，并沿对角线方向注写出预制楼板的________。

10. 阅读教材中图4-8及有关说明，完成下面的填充题。

(1) 计算各种型号预应力多孔板的块数，并填入下表内。

型　号	YKB-4-33-2	YKB-5-33-2	YKB-4-39-3	YKB-5-39-3	YKB-4-18-2	YKB-5-18-2
块　数						

(2) 把二层结构平面图中各种梁、板的底面标高填入下表内。

构件代号	L_1	L_2	L_3	L_4	L_5	YPL	YTL	QL		TL_2	门过梁YGL	
底面标高												

构件代号	窗过梁YGL			YKB		YPB	YTB
底面标高							

注：图中未注明的窗过梁YGL215、YGL218的梁底标高，可由相应的建筑立面图中查得。

11. 结构详图是表示建筑物各承重构件______________________________的详细图样。钢筋混凝土构件结构详图的图示方法和尺寸注法见教材第4章4.1节中有关说明。

习题18　结构施工图	专业	姓名	学号	日期	评阅	成绩

作业 8　基础平面图及基础详图

作 业 指 示 书

一、目的

1. 熟悉基础图的图示内容和要求。

2. 通过作业掌握绘制基础平面图及各种基础详图的步骤和方法。

二、内容

按《建筑工程制图》教材中图4-2，抄绘某培训大楼的基础平面图；绘制基础平面图中所示的各钢筋混凝土条形基础的通用断面图和相应的表格；抄绘楼梯基础详图和柱基础详图。

三、要求

1. 图纸：透明描图纸，A3图幅。图标格式见右下角所示。

2. 图名：基础图。

3. 比例：(1) 基础平面图1∶100；

(2) J，JL详图1∶20；

(3) 柱基础详图1∶40或自选合适比例。

4. 图线：墨线图。基础平面图中剖切到的墙身和柱子轮廓线宽度为0.5 mm，未剖切到的条形基础和独立基础的底面外形线宽度为0.25 mm，尺寸线、单点长画线、引出线等宽度均为0.13 mm；基础详图中未剖到的钢筋画成粗实线，宽度为0.5 mm，剖切到的钢筋画成实心黑圆点。构件轮廓线则用中实线，宽度为0.25 mm，尺寸线、单点长画线、引出线、图例线和标高符号等均用细实线，宽度为0.13 mm。

5. 字体：汉字用长仿宋体，各图下方的图名(如楼梯详图)用7号字，比例数字用5号字。轴线编号圆圈中的数字和字母用5号字；剖切线处的断面编号也用5号字；尺寸数字用3.5号字。

图标中的校名、图名用7号字；其余汉字均用5号字；日期用3.5号字。

6. 作图准确、图线粗细分明、尺寸标注无误、字体端正整齐、图面匀称整洁。

四、说明

1. 先用H铅笔画(轻、细)稿线图，然后按各类图线的宽度要求上墨加深，最后注写断面编号、尺寸和标高数字、图名和说明。

2. 基础平面图中不同底面宽度和不同配筋的条形基础断面均需用剖切线表示，并注写上相应的断面编号；基础圈梁JQL和基础梁JL均用粗单点长画线表示，其中基础梁JL的长度参照教材中表4-3所示。

3. 用通用断面图表示的详图必须和“基础和基础梁”表格对照表示和使用。

4. 基础梁与构造柱的连接详图因受图幅限制，本作业中省略不画。

5. 基础平面图中材料图例的表示方法与建筑平面图相同，墙体可在透明描图纸的背面用红铅笔均匀涂成淡红色，钢筋混凝土柱子则涂成黑色。

<table>
<tr><td colspan="4">(校　名　　　　　　　　　　　)
专业　　学号</td><td>图　别</td><td>结　施</td></tr>
<tr><td colspan="4"></td><td>图　号</td><td></td></tr>
<tr><td>制　图</td><td></td><td>(日　期)</td><td colspan="3" rowspan="2">(图　名　　　　　　　　　　　)</td></tr>
<tr><td>审　核</td><td></td><td></td></tr>
</table>

1. 根据《建筑工程制图》教材中图4-1a)钢筋混凝土矩形梁中的配筋，参照图4-10钢筋混凝土梁结构详图及其说明，完成图4-1a)所示的钢筋混凝土梁的结构详图(立面图和断面图)。已知梁下支承墙厚为370 mm，梁全长6 370 mm，梁的断面尺寸为300 mm×550 mm。梁内对称配筋，架立筋为2 ϕ10，受力筋为2 Φ16+1 Φ18(弯起)，箍筋为ϕ6@200。确定两端支承墙内侧第一道箍筋位置后，中间箍筋的中心距按接近200 mm等分量取，铅笔加深。

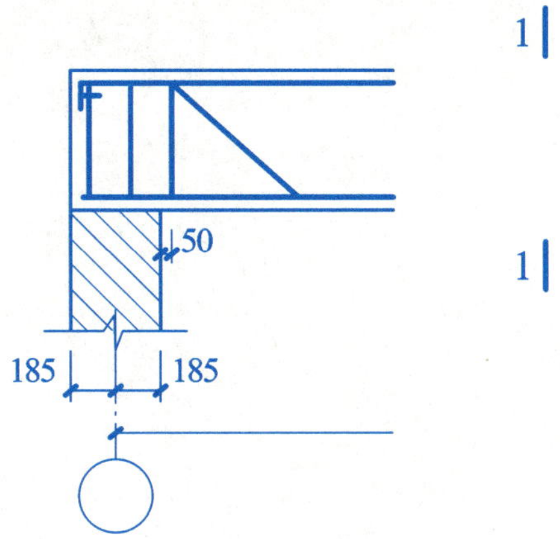

L 1∶40

1-1 1∶20

TL_3 1∶20

2. 根据《建筑工程制图》教材中图4-17楼梯剖面图，用1∶30的比例单独画出梯段板TB_1和TB_2的配筋图(TB_1板厚110 mm，踏步280 mm×154 mm；TB_2板厚90 mm，踏步280 mm×160 mm)；用1∶20的比例分别画出楼梯梁TL_1，TL_2，TL_3的断面图，并标注它们的外形和钢筋尺寸，铅笔加深。

TL_2 1∶20

TB_1 1∶30

TB_2 1∶30

TL_1 1∶20

习题19 钢筋混凝土梁和楼梯结构详图	专业	姓名	学号	日期	评阅	成绩

1. 根据图示的边梁处的梁平法施工图，按 1 : 20 的比例画出指定位置的梁配筋断面图，并标注断面尺寸和钢筋尺寸。

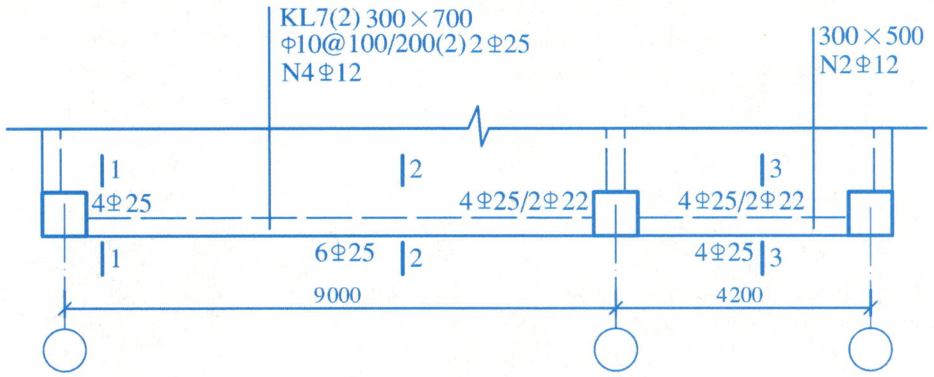

KL7梁平法施工图 (板厚120) 1:100

1—1 1:20　　2—2 1:20　　3—3 1:20

2. 根据图示的梁平法施工图，按 1 : 20 的比例画出指定位置的梁配筋断面图，并标注断面尺寸和钢筋尺寸。

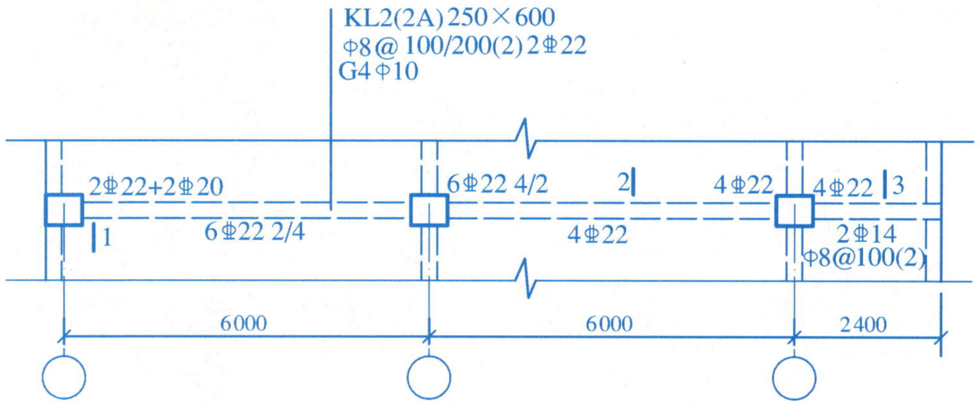

KL2梁平法施工图 (板厚100) 1:100

1—1 1:20　　2—2 1:20　　3—3 1:20

习题20　梁平法施工图

专业　　姓名　　学号　　日期　　评阅　　成绩

一、完成下列填空题

1. 建筑给水排水工程图是表示建筑物内部各______、______、______及其附件的______、______、在建筑物中的______及______的图样。

2. 建筑给水排水工程图一般由室外给水排水平面图、__________、____________、__________、__________及施工总说明等组成。

3. 多层房屋的管道平面图原则上应_________绘制。但若楼层平面中管道布置相同，则可绘制__________管道平面图。底层管道平面图均应____________绘出，屋面上的管道系统可附画在_____________中或另画_______________。

4. 填写下列线型及画法(括弧内填写粗度)：

(1) 给水管用_______表示，(____)粗。

(2) 污、废水管用_______表示，(____)粗。

(3) 管道立管用_______表示，其直径为(____);并在旁边标上立管代号______，X为_______。

5. 为了完整、全面地反映管道系统，可采用能反应三维情况的_______来绘制管道系统图，一般采用________________。

6. 管内标高应标注_______对标高；室外标高应标注________对标高。给水管应标注管_______标高，排水管宜标注管_______标高。

7. 用文字在横线上说明下列常用图例及代号的意义。

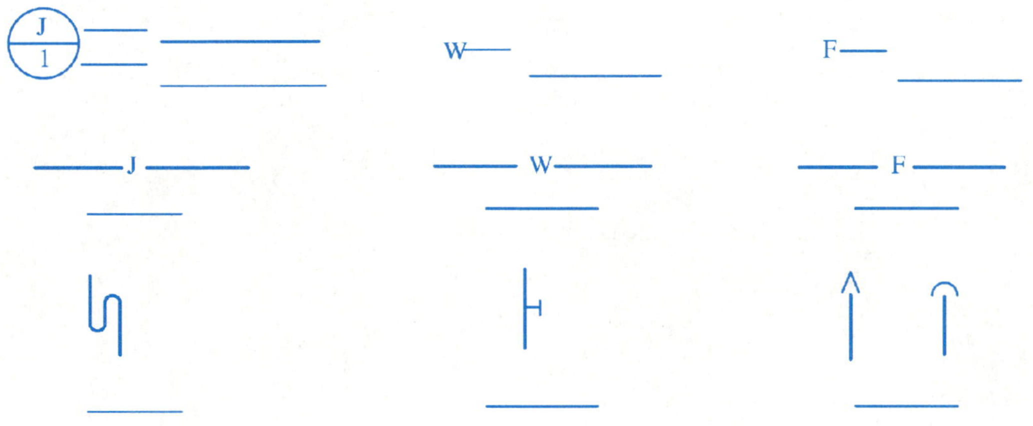

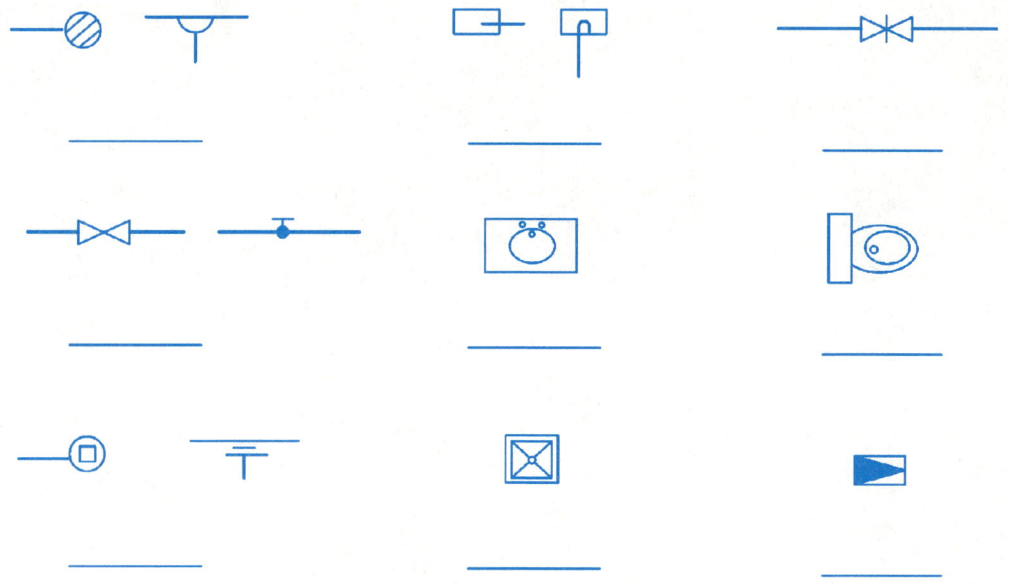

8. 画出水箱管道的管道系统图。

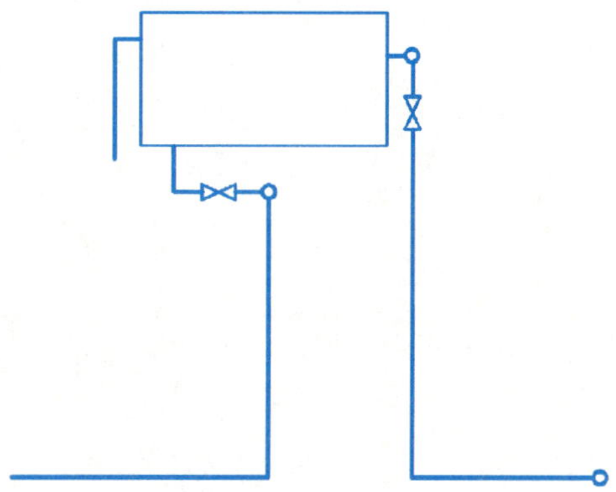

正立面图

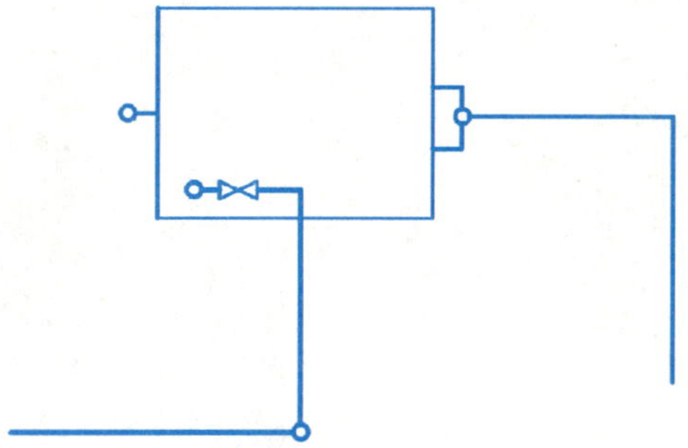

平面图

习题21 室内给水排水工程图	专业	姓名	学号	日期	评阅	成绩

作业 9　室内给水排水工程图

作　业　指　示　书

一、目的

1. 了解室内给水排水工程图的内容和要求，掌握室内管路图的绘图步骤和方法。
2. 熟悉室内给水排水工程图中的给水排水平面图和给水排水系统图。

二、内容

1. 资料

某中学教学楼为三层建筑。其一、三层设置男厕，二层设置女厕。厕所间的布置与教材第5章中的男厕、女厕类似。底层不设置女厕。给水系统由城市给水管网直接供水，故屋顶不设置水箱；底层不单独设置排水系统，而是和楼层的污、废水一起分别经WL-1和FL-Ⅰ排至室外；排水立管穿出三层平屋顶0.7 m后即为通气帽，在标高为1.000 m和8.000 m处分别设置检查口。

2. 画法

(1) 按教材图5-1抄绘该底层给水排水平面图中①和⑤及Ⓓ和Ⓕ间的相关管道平面图部分(用1:50比例)。

(2) 自行布置室外给水引入管及各卫生器具的给水管道(参照图5-1)。

(3) 抄绘图5-1中的排水管道及污水管道布置，并自行设置室外排出检查井(可参照图5-1)。

(4) 绘制给水系统图(长度由自行绘制的图中量取、标高也可参照教材图5-8)。

(5) 绘制污、废水系统图(类似教材图5-9、图5-10,有关标高自行换算)。

三、要求

1. 图纸：透明描图纸，A3图纸，图标格式同前。
2. 图名：室内给水排水工程图。
3. 图号：水01。
4. 比例：给水排水平面图1:50，给水排水系统图1:100。
5. 图线：墨线。图线要求：黑、光、亮，线型区分清楚。

本作业图线标准宽度b= 0.7 mm，给水排水平面图和给水排水系统图中相应的图线宽度应相同。

(1) 各种管道　图线宽度均为b = 0.7 mm。

(2) 卫生器具和用水设备　图线宽度为$b/2$ = 0.35 mm。

(3) 房屋墙身、门、窗等建筑构件，以及尺寸线、标高符号、指引线等均为$b/4 \approx 0.18$ mm。

6. 字体：

(1) 各视图下方的图名用7号字，图中汉字用5号字。

(2) 图名旁的比例、轴线编号、管道系统编号的数字均用5号字，其余数字均为3.5号字。

(3) 图纸标题栏内的文字大小均同前。

四、说明

1. 必须详细阅读教材后，才能顺利绘制本作业。
2. 图幅内各图安排宜得当，图面要匀称整洁，给水排水平面图及给水排水系统图必须排列整齐，以便于相互对照。图例可参照教材中表5-1。
3. 先铅笔作图，经全部核对无误后，方可上墨。
4. 图纸横放，左半部分画给水排水平面图，右半部分画给水、污水系统图(如下图所示)。

五、附图

本作业的图幅布置，建议如下图所示：

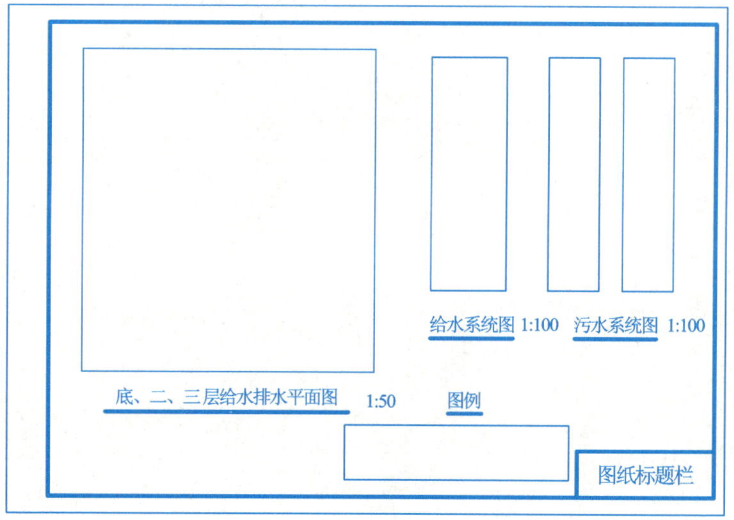

(校　名　　　)				图　别	设　施
专业　学号				图　号	
制　图		(日　期)	(图　名　　　)		
审　核					

第51张	共57张
K17+500.000~K17+850.000	

曲线要素表

交点号	交点位置	偏角	曲线要素值(m)				
		(°′″)	半径 R	缓和曲线长度 Ls	切线长度 T	曲线总长 L	外距 E
JD97	K17+621.024	左34°17′4.59″	100.000	35.000	48.484	94.838	5.183
JD98	K17+740.388	右21°37′59.90″	150.000	30.000	43.702	86.636	2.968

1. 公路路线工程图主要由________、________和________组成。上图是________。
2. 该段路线的起点桩号为____________，终点桩号为____________。该段路线总长度为____m，大致走向为由____向____。
3. 该段路线的平面线形包含：____、____和________。JD97的平曲线半径为____m，转折角为____________，向____方偏转，曲线长度为________m，交点的桩号为____________。JD98的缓和曲线长度为________m，切线长度为______m。JD97和JD98之间的"7"表示________，其桩号为____________。
4. 该段路线内，在K17+581.583处和K17+720.793处各有一座______________，其直径为____m。

习题22　道路路线平面图

专业	姓名	学号	日期	评阅	成绩

1. 桥梁总体布置图是表达桥梁________、________和________三部分组成情况的总图。

2. 图示为一三孔预应力钢筋混凝土简支板梁桥，全长________m，不计两侧桥台的总长____m，其中中孔跨径____m，两侧边孔跨径____m。桥梁跨中处的桩号为________，梁顶标高为________m。

3. 该桥立面图显示桥梁跨中位于一段竖曲线上，该曲线为____（凹/凸）曲线，曲线半径为____m，切线长度为____m，外距为____m。变坡点的桩号为________，其西侧桥面为____（上/下）坡，坡度为____，东侧桥面为____（上/下）坡，坡度为____。

4. 该桥P1和P2桥墩位于河床中，两个承台底面标高均为____m，桩基础均采用____根40cm×40cm打入方桩。

5. 该桥P0和P3桥台周围锥形护坡的材料采用________，其纵向坡度为____。

6. 该桥平面图显示桥梁全宽为____m，除去两侧栏杆的车行道宽____m；两侧路堤宽度为____m。

7. 在两侧桥台P0和P3处，各设置了一处伸缩缝，其型号为________；在P1和P2桥墩处，各设置了一处____。

8. 该桥位处常水位为________m，设计最高通航水位为________m，通航净空高________m。

1/2立面 1:300　　　　1/2立剖面 1:300

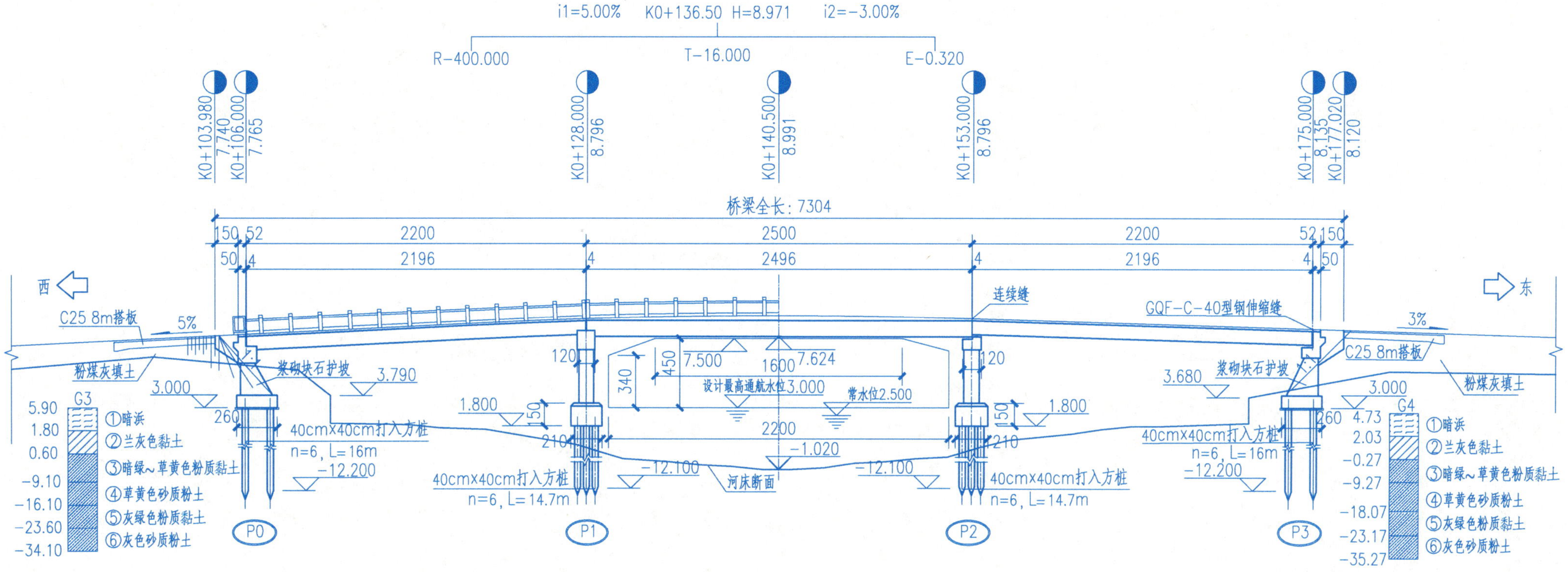

平面图1:300

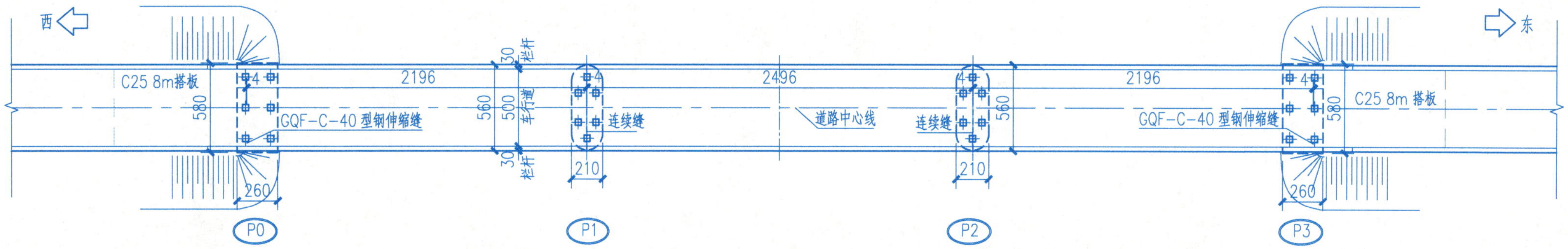

习题23　桥梁总体布置图	专业	姓名	学号	日期	评阅	成绩

1. 填充：

(1) 机械制图中六个基本视图是________、________、________、________、________、________。

(2) 在土建图中图名注写在图形的下方，而在机械图中图名是写在图形的________。

(3) 机械图中的剖视图相当于土建图中的________；断面图相当于________。

(4) 在标注螺纹时，一般螺纹注在大径上的尺寸是指螺纹的公称直径(即大径)，而管螺纹的公称直径则指的是管子的________。但表示管子公称直径的尺寸规定要用引出线标注在螺纹的________上。

(5) 在标注尺寸时，土建图中常将尺寸注成连续的封闭形式，但机械图中的尺寸必须注成________形式。

(6) 在教材图7-19中，尺寸 $\phi 80^{+0.030}_{+0.010}$，其中 $\phi 80$ 为______，$^{+0.030}_{+0.010}$ 为______，说明轴的该部分直径的最大极限尺寸为________，最小极限尺寸为________。

2. 在(a)，(b)，(c)，(d)中选择一个正确的画法。

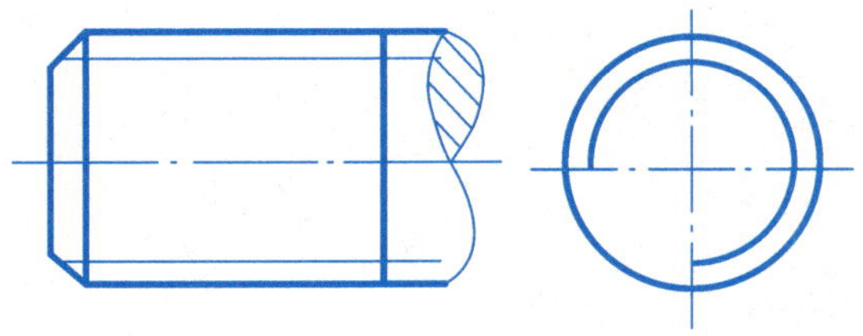

(a)

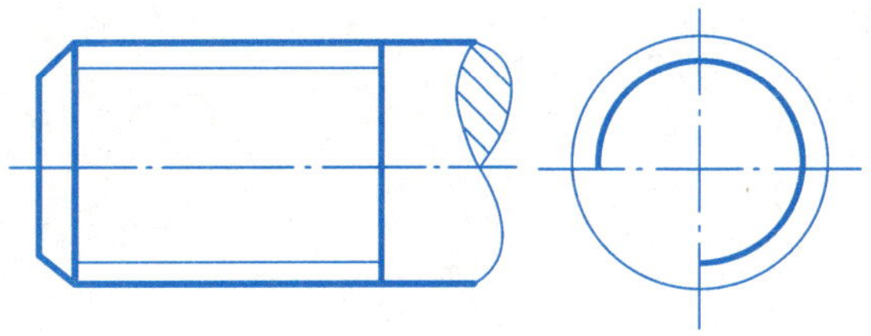

(b)

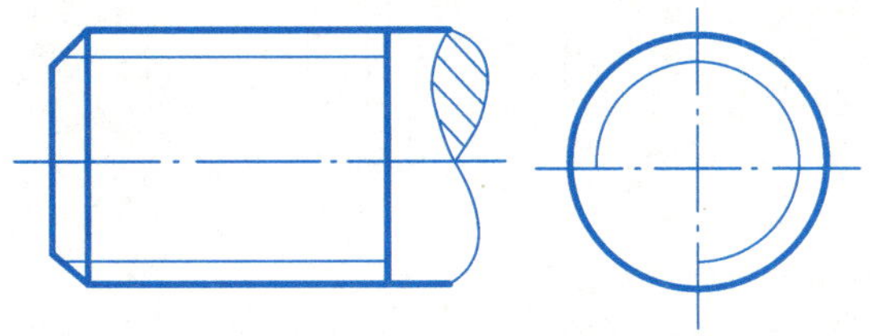

(c)

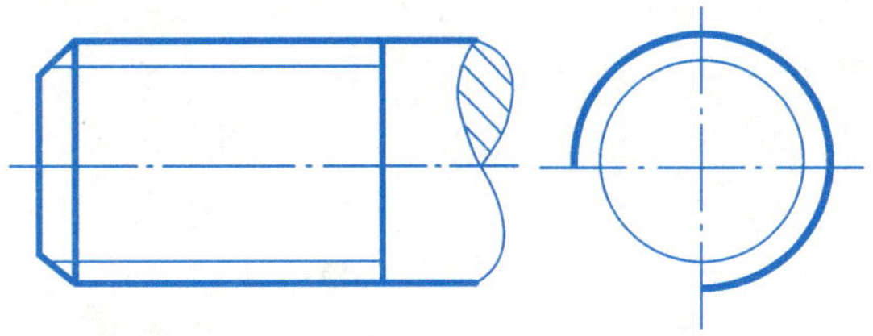

(d)

3. 在(a)，(b)，(c)，(d)中选择一个正确的画法。

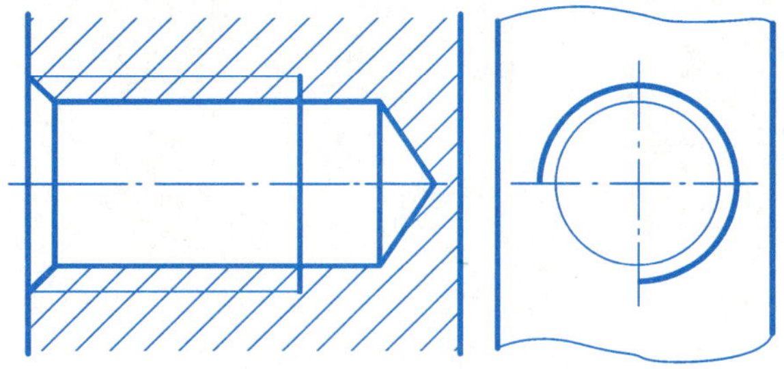

(a)

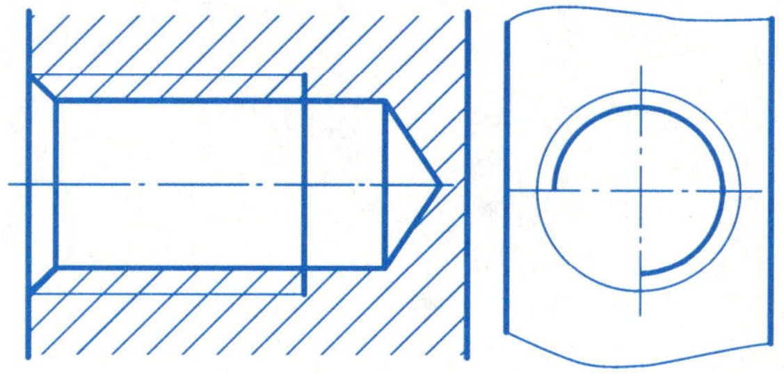

(b)

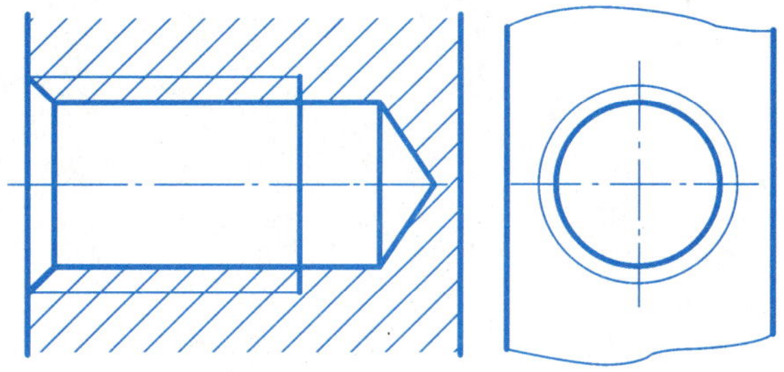

(c)

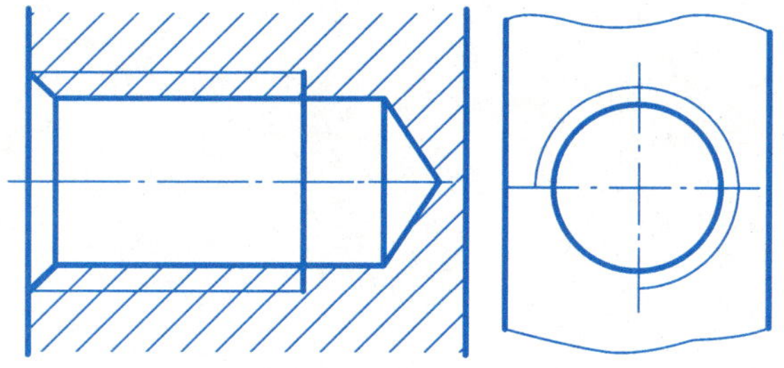

(d)

4. 在(a)，(b)，(c)，(d)中选择一个正确的画法。

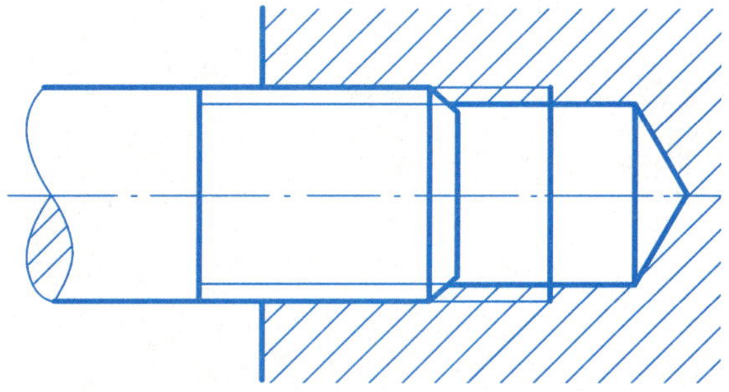

(a)

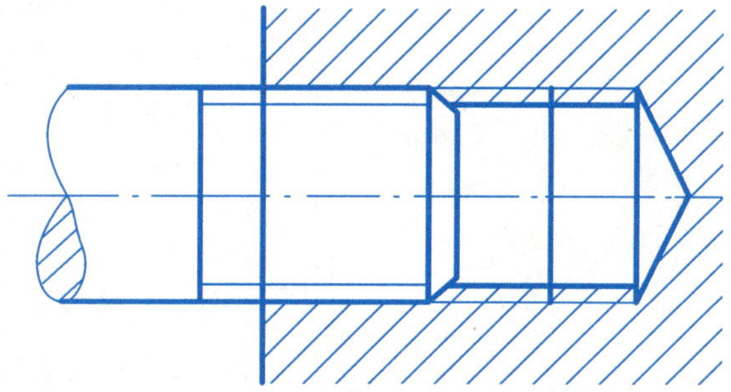

(b)

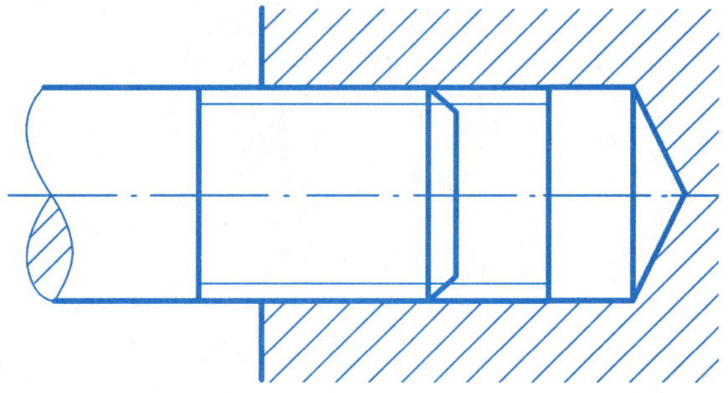

(c)

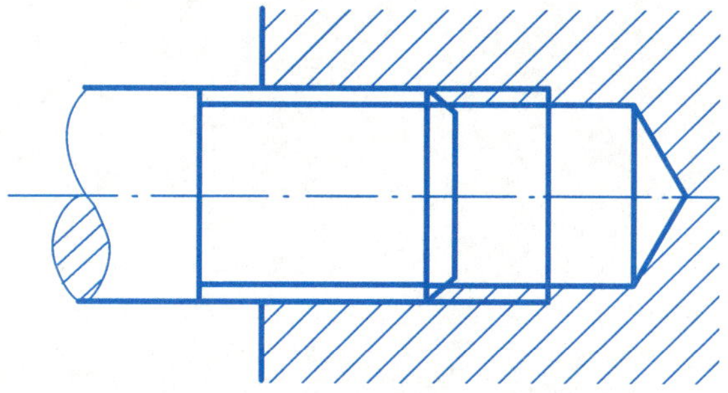

(d)

习题24　螺纹画法	专业　姓名　学号　日期	评阅　成绩

1. 标注下列螺纹的尺寸(参阅教材中表7-1)。

(1) 普通螺纹，大径30 mm(内、外螺纹的尺寸均需标注)。

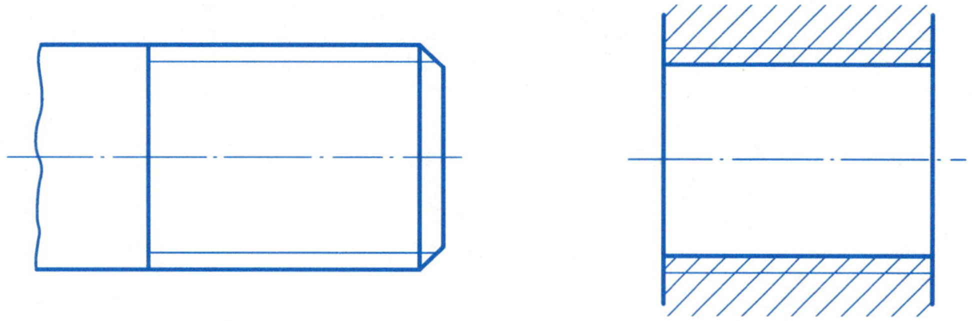

(2) 普通细牙螺纹，大径30 mm，螺距2 mm(内、外螺纹的尺寸均需标注)。

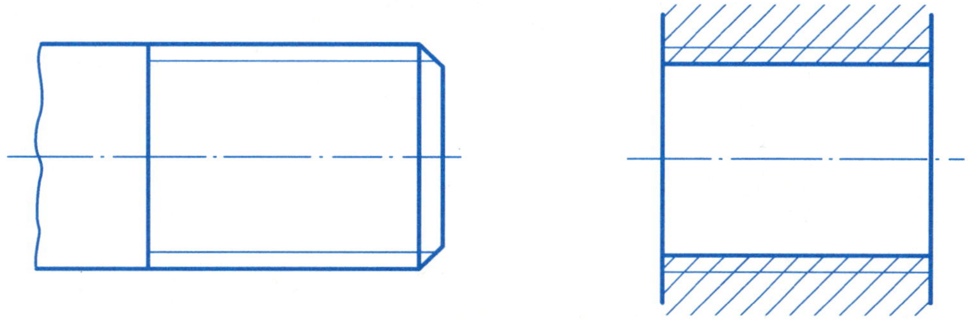

(3) 管螺纹，公称直径3/4″ 。

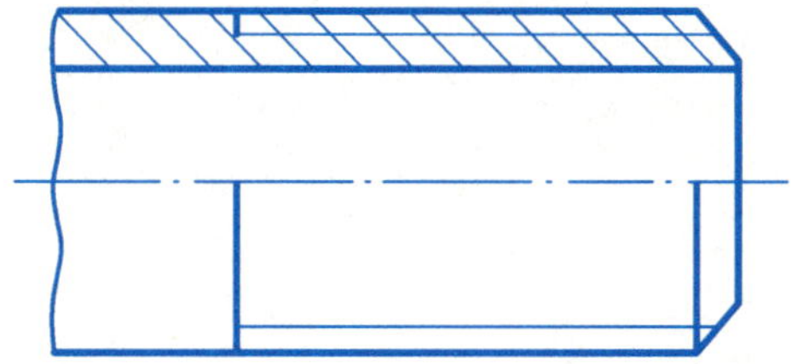

2. 在未完成的两个视图的基础上，按规定画法画出两正齿轮啮合图。

已知：齿数$z_1=32$, $z_2=24$，模数$m=2$。(比例1∶1)

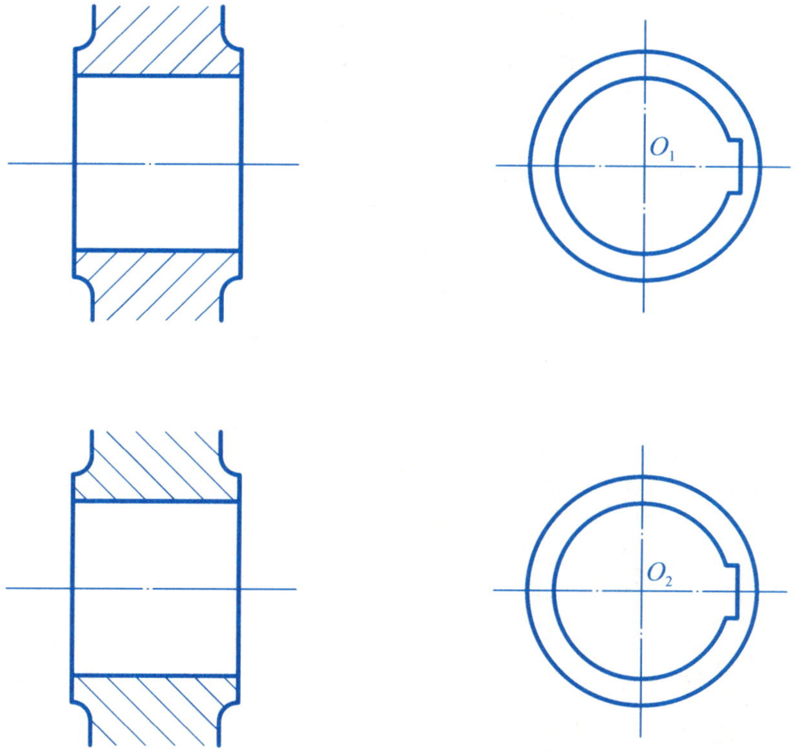

习题25 螺纹尺寸标注及齿轮	专业	姓名	学号	日期	评阅	成绩

1. 已知轴的主视图，轴上$\phi70$的键槽宽为20，偏差值为$^{0}_{-0.052}$，键槽深为7.5，偏差值为$^{+0.200}_{0}$，轴上$\phi60$的键槽尺寸与教材中的图7-19相同。

要求：(1) 画出该轴键槽的断面图(3处)；
(2) 画出键槽断面的剖切符号；
(3) 在断面图中标注有关尺寸。

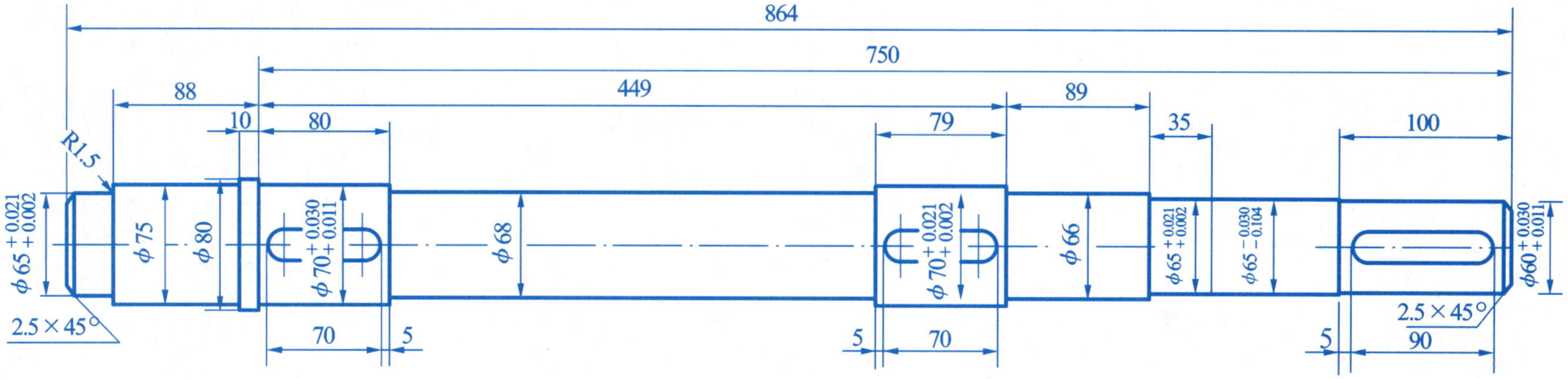

2. 阅读齿轮零件图(教材图7-20)，回答下列问题：

(1) 该零件图采用了___个视图来表达，图名分别是______和______。其中，主视图采用了________来表达其内部结构。

(2) 该图图名为______，比例为______。

(3) 该齿轮的模数m为_____，齿数z为_____，分度圆直径d为_____，三者的关系为________。

(4) 图中尺寸22±0.002 6中，22是______尺寸，上偏差是______，下偏差是______，合格尺寸必须在______到______范围之内。

(5) 图中表面粗糙度最大是______，最小是______。

(6) 图中倒角处2.5×45°表示____________________________。

习题26　零件图	专业	姓名	学号	日期	评阅	成绩

作业 10　螺栓连接

作 业 指 示 书

一、目的

掌握螺栓连接的规定画法。

二、内容

根据教材中图7-12、图7-13的螺栓连接画法，画出附图所示的两柱杆连接部位的螺栓连接和双头螺柱的连接，并标注尺寸。

三、要求

1. 图纸：铅画纸或道林纸，A3 图幅。图标格式和大小见右下角所示。

2. 图名：螺栓连接。

3. 比例：柱杆连接为1:1.5；双头螺柱连接为1:1。

4. 图线：铅笔图。粗实线宽度约为0.5 mm；虚线、细实线、尺寸线、点画线宽度约为0.18 mm。

5. 字体：汉字用长仿宋体。视图下方的图名(如柱杆连接、双头螺柱连接)汉字用7号字，比例数字用5号字。尺寸数字一律用3.5号字。

图标中校名、图名用7号字，其余汉字均用5号字，日期用3.5号字。

6. 作图准确、图线粗细分明、尺寸齐全无误、字体端正整齐、图面匀称整洁。

四、说明

1. 在柱杆连接部位用四个相同的M12螺栓和相应的垫圈、螺母连接。在主视图和俯视图中只需画出一个螺栓连接即可（画左前方的一个），其余的三个可以省略不画。俯视图中的三个圆孔也可以不画出，但要画出圆孔的中心线。在主视图中的螺栓孔位置采用旋转视图的形式，不用旋转剖视。也不需要画出第三视图。

2. 已知双头螺柱M20，下端全部旋入底座，要求用相应的垫圈和螺母将厚为25 mm的钢板（带有圆孔）与底座连接，画出双头螺柱连接的三视图（参见教材中图7-12、图7-13）。

3. 柱杆连接和双头螺柱连接都要标注尺寸。柱杆连接部位中的4-ϕ13，当画出螺栓连接后，不再画出圆孔，而应注上4个螺栓的尺寸，即4-M12，不再标注4-ϕ13。

五、附图

柱杆连接和双头螺柱连接的附图见第43页。

（校　名　　　　　　）			图　别	机械制图
专业　　学号			图　号	
制　图		（日　期）	（图　名　　　　）	
审　核				

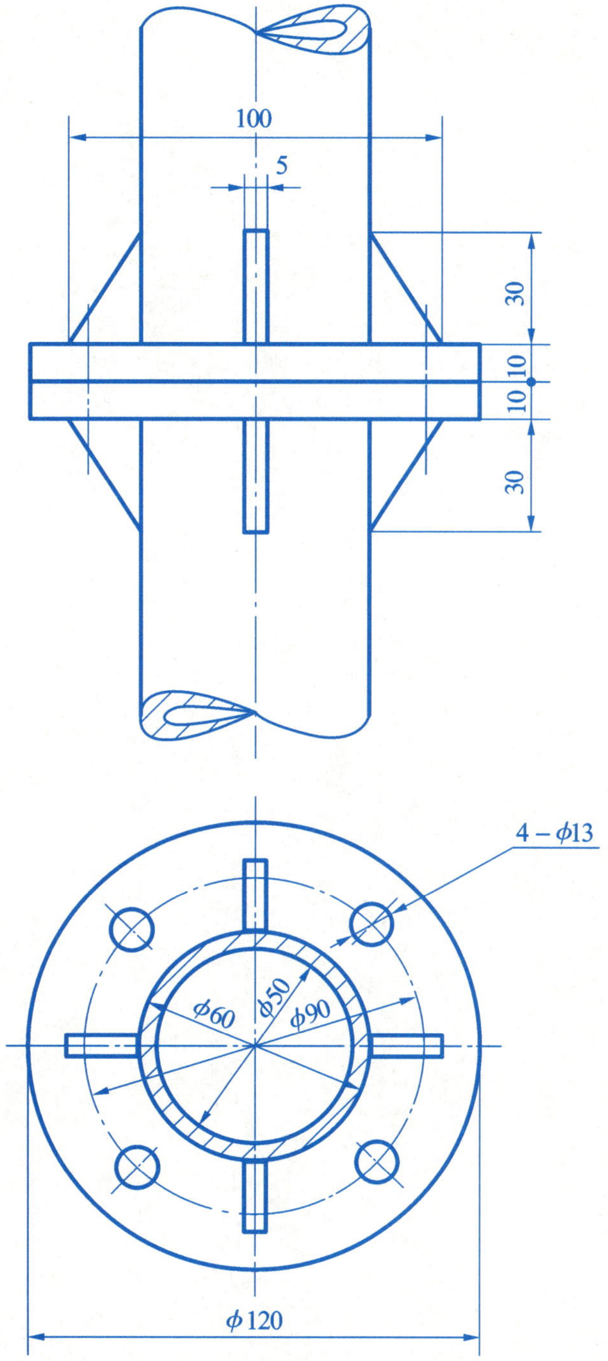
100
5
30
10
10
30
4 – ϕ13
ϕ60
ϕ50
ϕ90
ϕ120

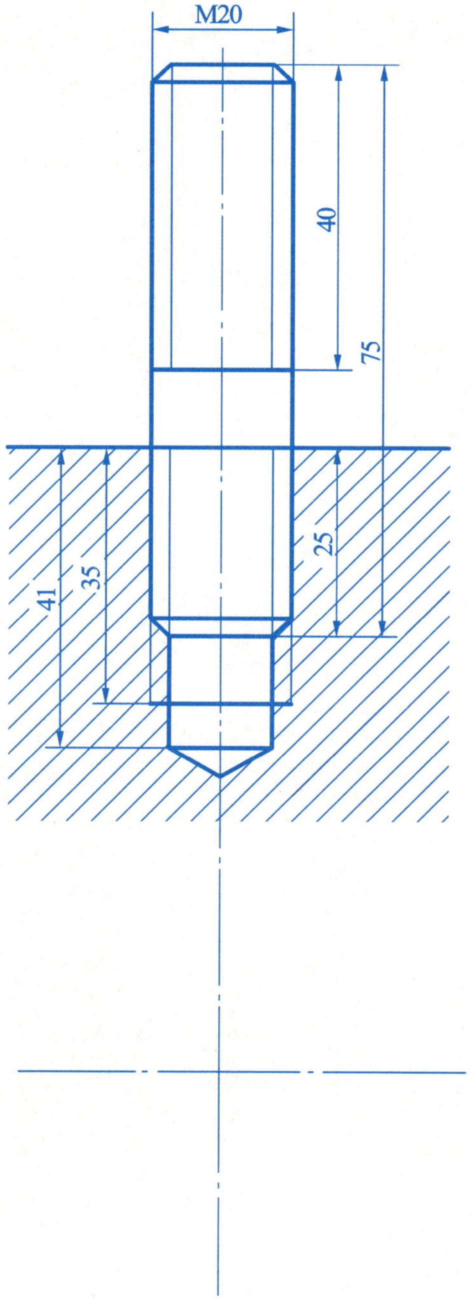
M20
40
75
25
35
41

作业 11　绘制简单二维图形

作　业　指　示　书

一、目的

1. 熟悉AutoCAD软件的启动、设置绘图界面和菜单栏、工具栏等的使用。

2. 熟悉用鼠标和键盘输入命令及数据的各种方法。

3. 掌握用简单的绘图命令和修改命令绘制二维图形。

二、上机时数

2学时。

三、内容

1. 用Limits命令设置绘图范围为A3图幅。

2. 根据右侧图样，用Line命令绘制各个图形，图中标注尺寸的按尺寸绘制；没有标注尺寸的，按图中量取的尺寸绘制。图中的尺寸和文字不要标注。

四、要求及提示

1. 必须熟悉AutoCAD软件的绘图界面及菜单栏、工具栏后，才能开始绘图。

2. 在绘图前，应先熟悉鼠标和键盘的操作。绘图时，对各种数据的输入方法都应进行练习。

3. 绘图结束后，用Save命令保存所绘图形，以备下次作业使用。

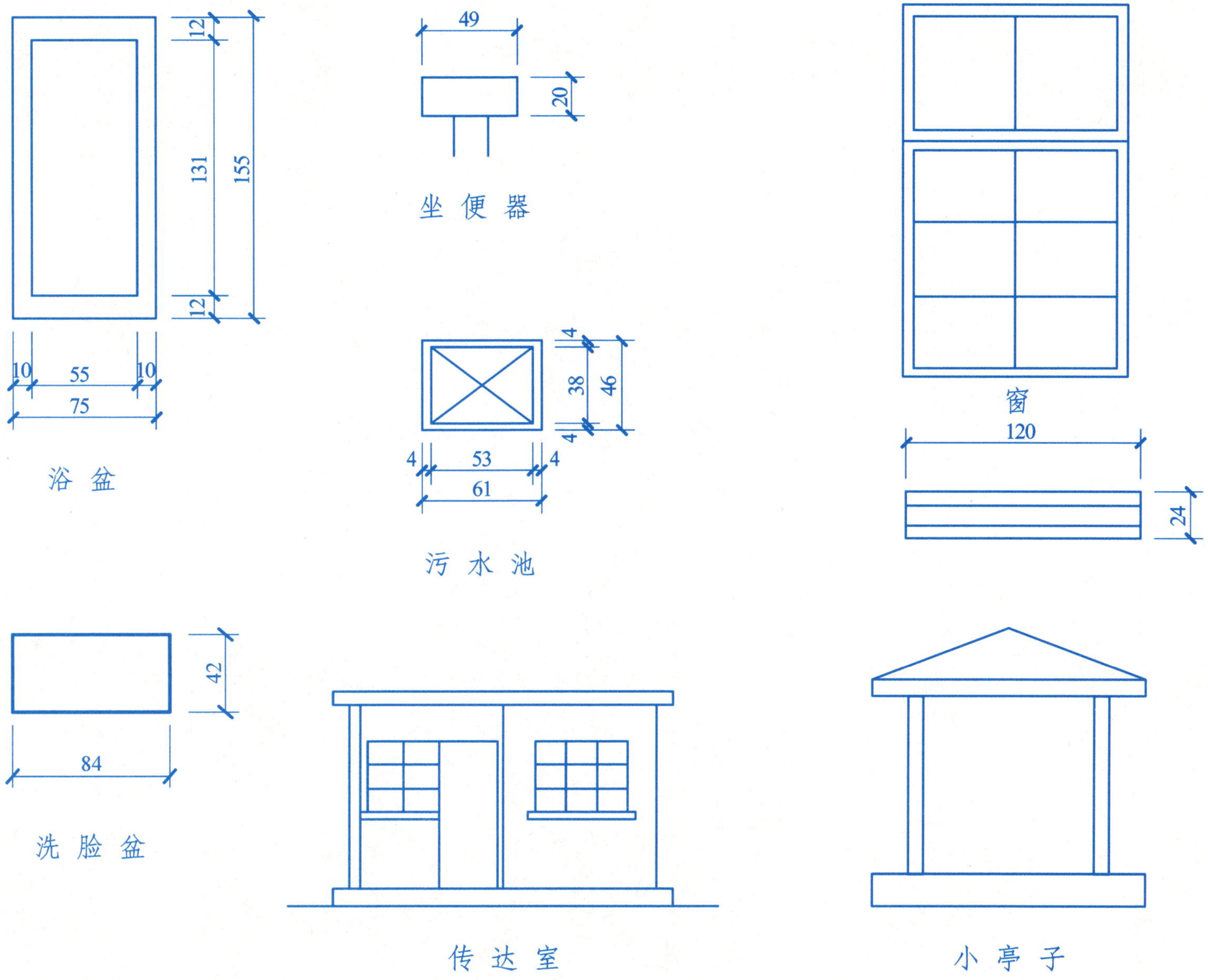

(校 名)			图 别	计算机绘图
专业 学号			图 号	
制 图		(日 期)	(图 名)	
审 核				

作业 12 显示控制、绘图辅助工具和修改命令操作

作 业 指 示 书

一、目的

1. 熟悉显示控制、绘图辅助工具的使用。
2. 进一步熟悉和掌握绘图命令和修改命令。
3. 掌握新学的绘图命令和修改命令，并利用显示控制、绘图辅助工具绘制和修改二维图形。

二、上机时数

2学时。

三、内容

1. 打开上次作业所保存的图形。
2. 根据右侧图样，删除小亭子、传达室；对保留的图形按右侧图样进行修改。
3. 绘制右侧图样中的新图形。

四、要求及提示

1. 用Open命令打开上次作业所保存的图形。
2. 在绘图前，应先将右侧图样与屏幕对照，确定应该删除的图形，然后用Erase命令删除这些图形。
3. 利用显示控制(Zoom 等命令)、绘图捕捉工具和修改命令修改保留的图形。
4. 绘制右侧图样中的新图形时，应充分利用显示控制和绘图辅助工具作图。
5. 绘图结束后，用Save命令保存所绘图形，以备下次作业使用。

浴 盆

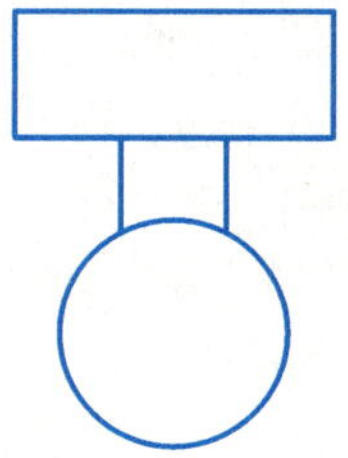

坐 便 器

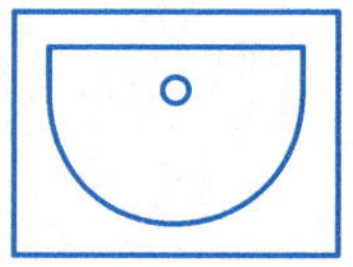

洗 脸 盆

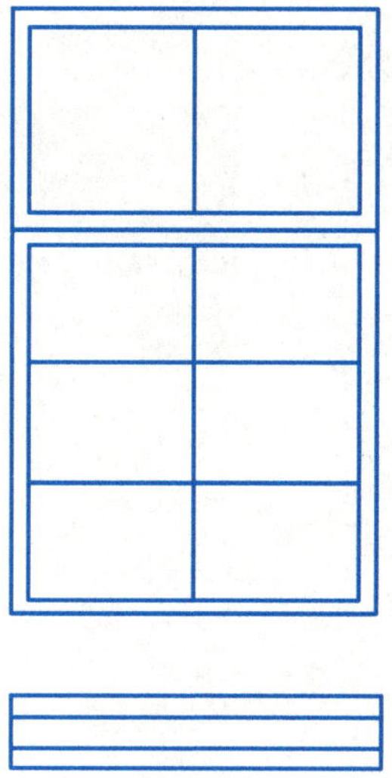

窗

花 草

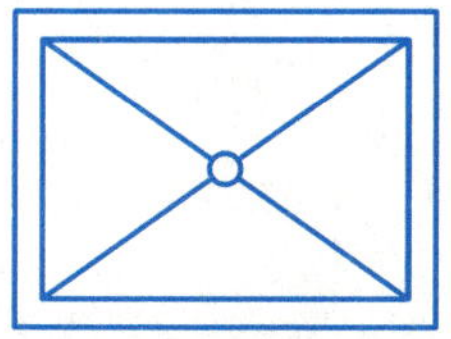

污 水 池

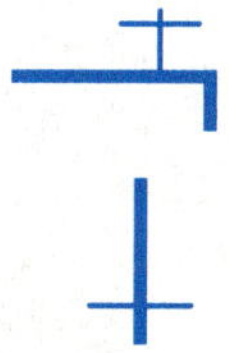

放水龙头

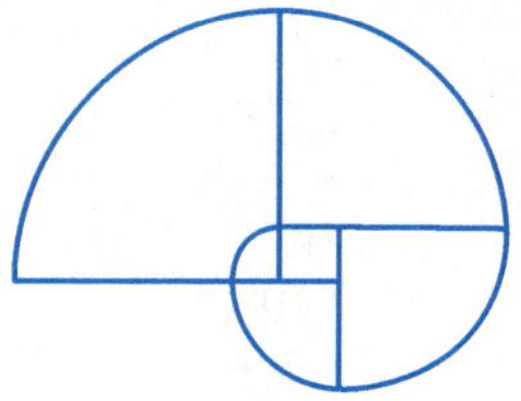

曲 线

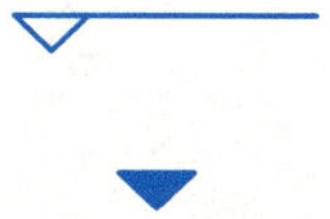

标 高

(校 名)			图 别	计算机绘图
专业 学号			图 号	
制 图		(日 期)	(图 名)	
审 核				

作业 13　图层和图块操作及尺寸标注

作 业 指 示 书

一、目的

1. 熟悉图层控制、图块的定义、存盘和插入的操作；熟悉尺寸标注。

2. 进一步熟悉和掌握绘图命令和修改命令。

3. 掌握利用图层控制、绘图辅助工具绘制新图形。

二、上机时数

2学时。

三、内容

1. 打开上次作业所保存的图形。

2. 删除花草、曲线；对保留的图形分别进行块定义。

3. 将窗、水龙头、坐便器、标高块存盘。

4. 用图示比例绘制右侧楼梯的平面图和立面图，并练习尺寸的标注。

5. 参照教材中绘制建筑平面图示例，设置各图层、颜色和线型。

6. 按照绘图作业14“建筑图形的绘制和修改”的建筑平面图中所注尺寸，用1：100的比例绘制右侧新图样的轴线和墙体。

四、要求及提示

1. 用Open命令打开上次作业所保存的图形。

2. 在绘图前，先根据右侧图样和作业内容确定删除对象。

3. 尺寸标注前，应设置尺寸标注式样。

4. 图层设置时，建议红色表示粗实线、绿色表示中实线；其余色可为细实线。

5. 绘图结束后，用Save命令保存所绘图形，以备下次作业使用。

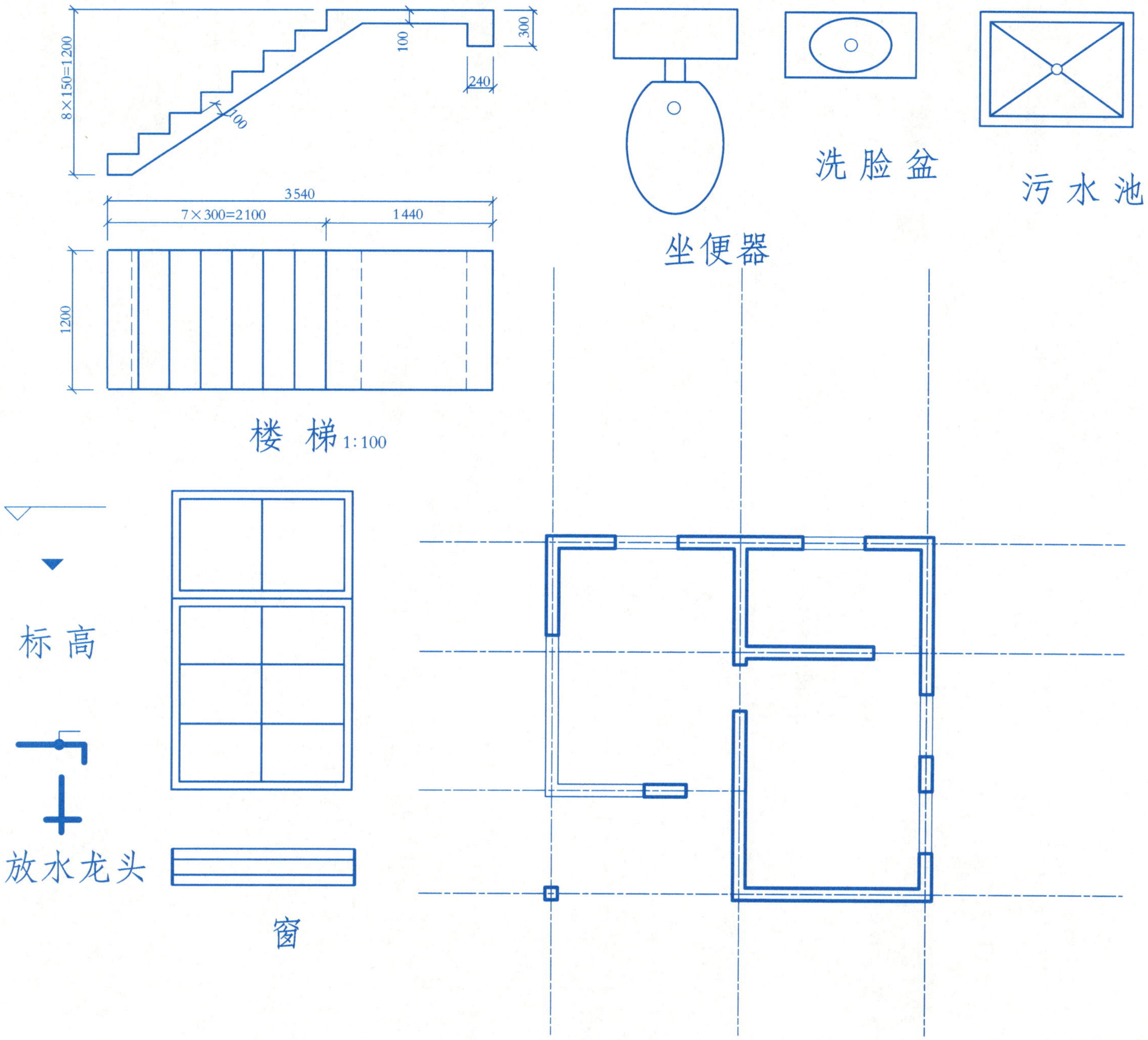

(校 名)			图 别	计算机绘图
专业 学号			图 号	
制 图		(日 期)	(图 名)	
审 核				

作业 14　建筑图形的绘制和修改

作　业　指　示　书

一、目的

1. 熟悉并掌握图层及线型的设置和操作。
2. 熟悉并掌握尺寸标注的使用和操作。
3. 掌握文字的注写。
4. 熟悉建筑平面图和立面图的绘制步骤和方法。

二、上机时数

2学时。

三、内容

1. 打开上次作业，保留绘制的轴线和墙体，删除其余图形。
2. 根据右侧图样，用所设置的图层，绘制门窗、台阶等的投影；标注尺寸。
3. 插入标高符号，注写标高数字。
4. 填充图例。
5. 绘制轴线圆并注写轴线编号。
6. 注写文字和图名。
7. 同样步骤绘制立面图。

四、要求及提示

1. 按照右侧图样及制图标准规定的线型，用所设图层的线型，绘制建筑平面图的其余投影立面图，比例为1：100。
2. 插入洗脸盆和污水盆时，可在插入时调整比例，也可插入后，用Scale命令进行缩放。
3. 标注尺寸前，应设置尺寸标注式样；标注时，可利用辅助绘图工具，准确定位。
4. 标注轴线时，可先画一个直径8 mm的圆，然后用多次Copy命令和辅助绘图工具进行拷贝。
5. 注写文字前，先设置文字样式。
6. 绘图结束后，用Save命令保存所绘图形。

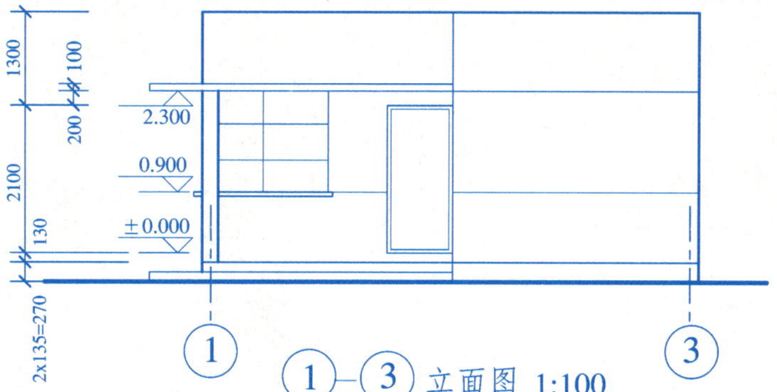

①—③ 立面图 1:100

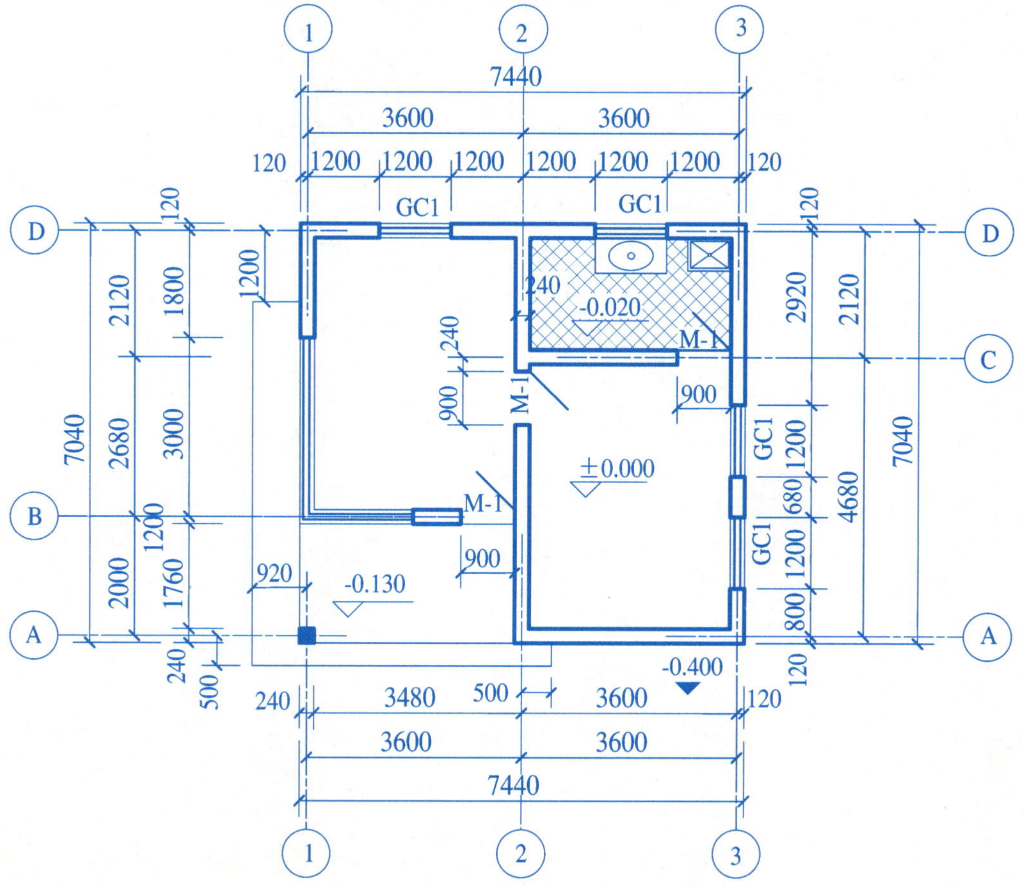

建筑平面图 1:100

(校　名　　　　　　　　　)				图　别	计算机绘图
专业　　学号				图　号	
制　图		(日　期)	(图　名　　　　　　　)		
审　核					